ロン・リット・ウーン

きのこのなぐさめ

枇谷玲子・中村冬美訳

みすず書房

STIEN TILBAKE TIL LIVET

by

Long Litt Woon

First published by Vigmostad & Bjørke, Norway 2017

This translation has been published with the financial support of NORLA,
Norwegian Literature Abroad.

静寂がボートを包む。
その静寂は大地の灯が消え、人の言葉、
曖昧な考えごと、夢が忘れられた時の星々のよう
私は交互にオールを下ろし、
また上げる。ふと耳を澄ます。
海にかすかに響く水滴の音で、静寂がいっそう強く迫る。ゆっくりと
もうひとつの太陽に向かって、霧の中、ボートの向きを変える。
凝縮された人生の無意味さ。そして漕ぐ。
漕ぐ。

コルベーン・ファルクエイド（詩集『もうひとつの太陽』より）

1）本文中のきのこ名は，和名があるものは和名を用い，和名未詳のものは学名をカタカナで表記している．
2）本文中に初めて出てくるきのこ名については，1の後に学名を併記している．

もくじ

序文　7

きのこがひとつ、喜びひとつ。きのこがふたつ、喜びふたつ。　9

きのこの世界へようこそ／アドレナリン放出

二番目によき死　37

秘密の場所　53

ニューヨーク、セントラルパークでのきのこ狩り／どこできのこを見つけた？／夢

特別専門家集団　75

きのこの友情／きのこ専門家の試験――きのこ愛好家の通過儀礼／無慈悲な悲しみのプロセス／小文字の'e'ではじまるenke（未亡人）

きのこへの疑念　105

どのきのこなら食べられる？／狭間の国（limbo）／芝に怒る／エープリル・フール

フィフティ・シェイズ・オブ・ポイズン　125
白黒つけられない／フロー／人生の轍（わだち）
トガリアミガサタケ――きのこ王国のダイヤモンド　151
ニューヨークでトガリアミガサタケ狩り／ファッショナブルなアミガサタケ／シャグマアミガサタケ――きのこ王国のはみ出し者
五感への働きかけ　173
全ての感覚をリンクさせる／あんずの香りと他に教わった？　アロマ／ねずみ捕りの技術
アロマ・セミナー　203
内輪だけにしか通じない専門用語／官能評価パネル／古くからの習慣と新しい習慣／感覚を総動員する
名もなき者たち　221
触れてはいけないきのこ／ホイランド教授が様々な角度からリバティキャップを説明する／公平な情報か、それとも群集心理の扇動か？／マッシュルーム・トリップ

前菜からデザートまで　249

喪失の数式／スープ／きのこジャーキー／ゴマ油と醤油でローストしたきのこ／パテ／きのこのマリネ／きのこのロースト／きのこソース／キャンディーキャップ／砂糖で煮詰めたアンズタケのぶつ切りとアンズタケとアプリコットのアイス／'Dogsup'／お風呂場の体重計／離婚vs死

素晴らしきラテン語　275

猿でも分かるきのこの学名／色と形／匂い、アロマ、そして大きさ／ずっと与え続けられる贈り物

天からのキス　297

天からのキス

きのこの作法　306

訳者あとがき　308

参考文献　*vi*

きのこ名索引　*i*

序文

この本のタイトルは当初、『きのこの発見』にするはずだった。人類学者である私のきのこの世界への旅と、旅の途中で出会ったきのことその愛好家への驚嘆を綴った本に。目の前が真っ暗だったのが、菌類学に関心を持つことで、生きる喜びと意義を再び見出せるようになった。夫が不慮の死を遂げた悲しみから私を救い出してくれたのが、きのこへの関心ときのこの生える道だったことは疑いようもない。原稿を書き進めるなかで、私は、夫について一、二文、どこかに入れようと考えるようになった。序文で触れようか？　私はそこで彼について書きはじめ、それが本書の二章になった（「二番目によき死」）。その瞬間、本の構想が一変した。筆を進めるのがとりわけ楽しかったのは、きのこの世界の発見と悲しみ砂漠の旅との関連性の下りだ。そのため本書では、きのこの世界という外界への旅と、悲しみの風景という内面への旅が並行して進む。

執筆過程はひとり孤独に作業する段階と、信頼するよき支援者から回答を得る段階とに分かれた。フィードバックをくれたベンテ・ヘレーネスダッテル・ペッターション、ベーリット・ベルゲ、グードライ・フォル、ハジャ・タジック、ハンネ・ミュールスター、ハンネ・ソグン、クラウス・へイラン、ヨハネス・ビュー、ヨーン・リデーン、ヨーン・マッティンセン・ストラン、ヨーン・トゥルグヴェ・モーンセン、ラーシュ・ミュールスター・クリンゲン、マーリ・フィンネス、ボランティアにより運営されている市民活動センターのライティング・グループのリーダー、ニーナ・Z・ヨシュタと会員のオーレ・ヤン・ボールグン、オリヴェル・スミット、オッタル・ブロックス、ルーナル・クリスチャンセン、オースタ・オヴェゴーに感謝。有益な支援と素晴らしい対話をどうもありがとう！　きのこについて情報提供してくださったノルウェー民俗学研究所（ＮＥＧ）、ノルウェー民族博物館、民族誌図書館、文化史博物館の皆様からの慈悲深く、貴重な支援に感謝する。ノンフィクション基金が執筆の初期段階から奨励金を支給してくれたことで、この本の出版プロジェクトは実現した。菌類学については、ライフ・リーヴァーデン教授からの専門的な助言に深く感謝する。

幸せな結婚生活を送れたことに感謝し、この本を夫に捧げる。

Memoria In Aeterna* エイオルフ・オルセン（一九五五―二〇一〇年）

二〇一七年五月、ローデルッケンの貸し農園にて

ロン・リット・ウーン

＊永遠に記憶に残るという意味のラテン語

きのこがひとつ、
喜びひとつ。
きのこがふたつ、
喜びふたつ。

これは、私の人生が一変した時にはじまった旅の話だ。夫のエイオルフはある日、仕事に行ったきり、還らぬ人となった。慣れ親しんだ日々の暮らしは、しゃぼん玉みたいに弾け飛んだ。変わってしまった世界は、二度と元には戻らない。

私は打ちひしがれた。エイオルフが遺したのは、喪失の痛みだけ。その痛みが私を切り裂いていく。でも、私は精神安定剤で苦しみを和らげたいとは思わなかった。痛みをそのまま感じていたかったのだ。それはエイオルフが生きていた――彼が私の夫だった証。その証さえも、消えてほしくなかった。

ひたすら堕ちていくばかりだった。常に自己管理ができ、自制が利いていたはずの私。私生活を律するのが好きだった私。道しるべとなる日の光は消えた。私は未知の領域にいた。突然、異国の地で彷徨（さまよ）うことになったのだ。視界は悪く、地図もコンパスもない。坂の上には何がある？　下には？　どこから歩き出せばいいの？　どっちに足を踏み出せば？

この暗い暗い世界の中で……。

ところが驚いたことに、予想もつかない出来事をきっかけに、私は答えにめぐり会えた。

小雨が降り、霧がかかり、オスロ植物園の由緒ある大きな樹木の古い落ち葉が腐敗しはじめる頃。暑さも峠を越し、凍てつく寒さが私たちの生活を侵食しようとする時期に、他人(ひと)から教わった講座に、何とはなしに申し込んでみた。エイオルフといつか一緒に申し込もうと話していて、叶わなかった講座に。そうして大して期待もせずに、ある秋の暗い晩、私は自然史博物館の地下室に足を運ぶこととなった。

慎重に歩かなくてはならなかった。埋葬の時、足首をひねって痛めていたから。それ以来、恐怖がずっと体に残っていた。足首が回復するまで、かなり時間がかかると言われたけれど、打ち砕かれた心が元に戻る日がこの先おとずれるのか、そしてどれだけ時間がかかるのかなど誰が知ろうか。

悲しみはじわじわと心をむしばんでいく。癒えるまでには、相応の時間が必要だ。

悲しみのプロセスは継続的にではなく断続的に、おまけに予測不能な方向に進む。

「君を文字通り、悲しみの淵から引き上げ、再び人生を歩めるようにしてくれたのは、きのこだったんじゃないかい？」と誰かから言われていたら、私は目を白黒させていたことだろう。「きのこと悲しみに一体、何の関係があるの？」と。

でも実際、追い求めていたものに偶然出会えた場所は、広漠とした苔蒸す森だった。きのこが時折、顔を出す原野を進む私の旅は同時に、心象風景を彷徨う旅と化した。きのこを知る旅は時を要したが、心の旅はその上に荒々しく過酷かつ困難だった。きのこの世界の発見が、それでも私を悲しみのトンネルから導き出してくれたことに、何ら疑いはない。きのこの世界は痛みを和らげ、闇から抜け出させてくれた。きのこの世界がこれまでと違う視点を私に与え、新たな境地へと徐々に導いてくれた。危機的状況にいたこの私をきのこがどう救ったのか、きのこと悲しみという一見、何ら関係のなさそうなふたつのテーマが、一体どうしたら一本の線でつながるかがはっきりしたのは、しばらくたってからのことだった。それがこの本のメイン・テーマだ。

まずはきのこ初心者コースの話から、はじめることにしよう。

きのこの世界へようこそ

きのこ講座の履修者は大勢いた。若者や第二の青春を謳歌している年配の人なども。登録者はオスロ各地から集まってきていた。講座のことは市の西部から東部にまで広まっていたのだ。私はその現象に社会学者として興味を持った。通常、特定の形式のスポーツや趣味は個別の社会階層と結びつけられるものだ。余暇活動(レジャー)には、明らかに上流階級のたしなみと思われているものもあれば、それ以外の社会階層の領分と見なされるものもある。たとえノルウェー人が平等主義の民族という自らのイメージを好んでいるにしろ、ノルウェーにもその傾向があることは、文化人類学者でなくても気づく。彼らが国家の紹介に選んだのは、ホルメンコーレン線で切符を買う王の写真だった。一般市民と同じ車両に乗ったことのある王が他にあまりいないのは確かだが、列車がノルウェー王室の日常的な交通手段でなかった点は見落としてはならない。

私がまず気に入ったのは、きのこの世界に階級がないところだった。しばらく一緒に時を過ごした後でさえ、きのこ愛好家がどんな市民生活を送っているかは知りえない。毎回、きのこの話ばかりで、宗教や政治についての世間話が入りこむ余地はないのだ。とはいえきのこ愛好家の間で、ヒエラルキーがないわけでもない。おまけにきのこの世界でも、英雄（ヒーロー）に悪役（ヒール）、不文律、感情渦巻く争いまである。きのこの世界にも他のあらゆる市民サークルと同じ、社会の縮図を見て取れるが、初め私はそれを見落としていた。

きのこは魅惑と同時に恐怖をも生み出す。死に至る毒が潜む一方、官能の喜びで私たちを魅了する。それに加え、きのこの中には、菌環（フェアリー・リング）〔きのこの菌糸が土中に放射状に広がり、その先に子実体を生じるため、環を描いたように生える〕を形づくる種もある。また別の種は幻覚を引き起こす。歴史資料に当たってみると、あらゆる時代の人たちが、きのこの不可思議さに惹かれてきたのが分かる――根っこも目に見える種もないのに、激しい雨や雷雨の後、揺るぎない自然の力を半ば具現化するかのように、どこからともなく生えてくるきのこに。「魔女の卵」（スッポンタケの幼菌は卵のような形をしていることからそう呼ばれる）に「トロルのバター」（ススホコリ）、「オオカミのミルク」（マメホコリ）といったノルウェー産のきのこの名前からは、この国でもきのこが、どことなく異教の雰囲気が漂う、魔術的で不気味なものと見なされていることが分かる。

ある人は自然の生態系の再生者としてのきのこの顔に魅せられ、興味を持ちはじめた。またある人は医薬品としてのきのこに関心があると言う。癌治療薬としてのきのこの研究は前途洋々のようだ。医療の世界でノルウェーと聞けば、今では臓器移植に欠かせない薬剤である、ハルダンゲル山脈で採取された「トリポクラディウム・インフラツム *Tolypocladium inflatum*」と呼ばれる、ハルダンゲル山脈真菌を思い浮かべる人が多いようだ。きのこを媚薬として使うと奇跡を起こせると信じる人は、悪臭を放つ男根形のスッポンタケ *Phallus impudicus* か、ノルウェー語で「司祭の一物」と呼ばれるムティヌス・ラヴェネリ *Mutinus ravenelii*（和名未詳、キツネノロウソクの仲間）をよく噛みしめるのだろう。ハンドメイドに造詣が深い人は、羊毛や麻やシルクの新たな着色料としてのきのこに飛びつくのだろう。自然写真家にとって、きのこは回り続けるメリーゴーランド。茶色や白だけでなく考えもつかないような多様な色と形をしている。ずんぐりむっくりでがっしりしていたり、気品があったり、優雅であったり、半透明で繊細だったり、別の惑星から来た異物のようにとても派手で風変わりだったり。あるきのこは光を放ち、日が暮れた後の森の小道を照らしてくれる。

でも野生のきのこ狩りについてさらに学びたいと思っている人の大半がきのこについて学ぶのは、私が知る限り、食べ物として好きだからだ。きのこ業者はその絶え間ない努力もむなしく、とびきり魅力的な食用きのこを育てることにいまだ成功していない。このようにきのこは、太陽の昇り沈みに支配される、私たちの大半が生きるこの世界の対極の位置にいると言えよう。きのこにはどことなくワイルドさや自由気ままさがある。「これ、食べられる？」というのが、きのこに関して無知な人たちが決まってする質問だ。

この講座の主催者名は、「オスロとその近郊のきのこ有用植物愛好会」という古風な響きをもつ。私はそこに惹きつけられた。ノルウェーでおなじみの女性団体、女性の平等と健康のための協会の関連団体を思わせる名前だ。きのこや有用植物に夢中になるのは、どんな人たちなんだろう？　正直言って、何が有用植物に入るのかはおぼつかなかった。さらに思考をめぐらせると、こんな疑問が浮かんだ。有用じゃない植物って？　そういうのは非有用植物と呼ぶのだろうか？　愛好会の公式会議で、そんな質問できやしない。

コース・リーダーはベルトの革の鞘（さや）にナイフを、首に掛けた紐に小さなルーペを提げていた。真面目なきのこ狩人（ハンター）に典型的な服装のひとつなのだが、当時の私はそんなこと知りもしなかった。

「きのこって何でしょう？」コース・リーダーが私たちに尋ねた。参加者の多くは口をつぐみ、先生役のリーダーと目を合わせないようにした。私もだ。きのことは何かなんて、今更、どうしてそんな質問を？　先生が期待しているのは、学術的回答だろう。どこに答えを求めたらよいか、見当もつかなかった。

私も含め多くの人が、きのこと言われて思い浮かべるのは実際、菌類学者の世界で「大型菌類」と呼ばれるものだろう。菌類学とは、きのこについての学問のこと。でもきのこの種の大半は、顕微鏡で見なくてはならないぐらい小さい。きのこは何種類あるのか聞いてくる人がよくいるけれど、きのこの世界はあまりに広範で、絶対的な答えをひねり出すのは難しい。学術の世界で定義されていない未発見の種がどれだけあるかは、専門家の間でも意見が分かれる。ノルウェーのオスロ大学の自然史博物館などは、国内のきのこの種の全容を把握しようと努力してきた。ノルウェーではおよそ四万四千種が確認されているが、これはきのこ全種のおよそ二〇パーセントである。参考までに哺乳類を例に挙げると、この数字はわずか〇・二パーセントにまで下がる。膨大な種の大部分がいまだ未発見ということだ。

これに加え、森で見かけるきのこは、全有機体のほんの一部でしかない。大半は土の中や木や他の植物の内側にある、いわゆる「菌糸」という長細い細胞が織り成す、生きた動的ネットワークの一部なのだ。土の上で私たちが見るのは、きのこの子実体（しじつたい）だ。子実体ときのこ本体の関係は、リンゴの木とその果実にたとえられる。ただしきのこの場合、「木」に当たる部分は、地面の下にある。世界一大きな有機体は、ノルウェー語で「黒い蜂蜜きのこ」と呼ばれるオニナラタケ *Armillaria ostoyae* だ。オニナラタケは十平方キロメートルに相当する森林地帯が広がる、アメリカ・オレゴン州の東で発見された。数百のサンプル採取と菌糸のＤＮＡ解析により、二千年から八千年前のものと同じ個体であることが分かった。地面の上の部分が世界一大きいきのこは、おそらくアフリカのテルミトミチェス・ティタニクス *Termitomyces titanicus*（和名不詳）だ。傘の幅は、一メートルはありそうだ。そのきのこを雨傘みたいに差すアフリカ人の写真を目にした人は、特殊加工されたものかと思うだろう。

私たちが目にするのは、きのこの一生のごくほんの一部の期間のみだ。その他の期間、きのこは身を潜めて生きるのだから。大きなきのこは適切な条件下であれば、菌糸体から強引に上へ上へと子実体を持ち上げ、石を押し上げ、アスファルトにひびを入れながら強大な力で地面を貫く。きのこは森だけでなく、公共の公園や道端、時には教会墓地や個人宅の庭にも生えるという。きのこは

ノルウェーのきのこ

そこら中にあり、きのこ愛好家は、「きのこはわが人生」と言うだけでは飽き足らず、「きのこがあるから生きていける」とまで言い出しかねない。きのこのない人生なんて、人生じゃない。"No Mushroom, No Life." と。きのこ仲間の話題にいまだに上るのは、きのこがいかに地球を救うかについての YouTube 動画だ。彼らは――きのこ愛好家は――信心深そうだ。

優秀な教師は生徒を知識量に応じ、レベル分けするものだ。そのため講座の初日には、メジャーなきのこについてちょっとしたクイズを出されることが多い。初心者コースの目標は、十五種ほどのきのこを知ることだ。ほんの二、三時間前まで静まり返っていた森に穏やかに生えていた新鮮なきのこが、苔の中でまどろむ生活から突如、切り離され、教材として人の手から手へ順に回される。私はクラスでビリになるかもしれないという恐怖を感じた。目の前を行き過ぎるきのこのうち、見分けられたのは森の金塊と称されるアンズタケ *Cantharellus cibarius* だけだった。ここで会得できることは多そうだ。

かつてきのこは科学者たちにとって頭の痛い問題だった。動物と植物を全て分類するシステム――きのこに向き合う人たちが今でも用いるシステムを構築したあの近代分類学の父、カール・フォン・リンネ（一七〇七―七八）さえも、きのこには悩まされた。彼をもってしても、きのこは動物界には収まりきらない「カオス」に分類せざるをえなかった。半ばきのこが自然の一般法則の範疇に収まりきらないかのように。でも当時からきのこは植物界にも動物界にも属さない、独自の世界のものと告知され、承認されてきた。きのこの王国だ。そんなもの、これまで聞いたことはなかった。きのこはただの奇妙な植物の一種と思っていたのだ。それにきのこの王国は植物界よりもむしろ動物界に、植物界よりもホモ・サピエンスに近いとまで聞かされた！　これがペニシリンや私たち人間の癌治療薬といった重要な薬剤の原料にきのこが使われる理由だ。マレーシアにいた頃、学校の生物では、そんなこと学ばなかった。当時女子校に通っていた私は、大きなポスターに優雅な文字で植物の各部の名称が書かれた生物学図を所有していた。次回お店に行く時には、市販のマッシュルームを、このきのこは私の遠い親戚なのだと考えるだろう。

　きのこの適切な採取法は、カリキュラムの冒頭に載っていた。私たちは地面からきのこの柄（え）の部分がちょうど生えてきているところで摘み取らなくてはならない。またきのこを慎重に、「軽く揺らしながら抜く」間、柄をしっかり押さえておかなくてはならない。またきのこは苔布団の奥に隠れているか、地面にしっかりと根ざしているので、ナイフを用意しておくとよいだろう。森できのこからごみや土をはたき落とす時のため、刷毛かパンに卵を塗るとき使うような筆か、古い歯ブラシを携えておくよう強く薦める。そうすると家で最終的にきのこをきれいにするのが楽になるけれど、その場できのこを払うのは瞑想のようなものという意見の人もいるのだ。私は耳をそばだてた。

　きのこを見つけて初めにしなくてはならないのは、「傘」の裏面がどんな風になっているか見ること。傘の裏面は全て、種の決定に関わるデータだ——つまり、そのきのこがイグチダケなのかハリタケなのか、はたまたタマチョレイタケなのかハラタケなのかを示すデータなのだ。これらは、初心者向けのカリキュラムで一番先に覚えなければならないきのこのグループだ。それに答えた後は、手に持っているのはどの属か、どの種かという質問が続く。

　私たちは初め、照りのある新鮮なキンチャヤマイグチ *Leccinum versipelle* を手に取った。ヤマイ

キンチャヤマイグチ
Leccinum versipelle

グチ属 *Leccinum* の主な特徴は、傘の下の部分が触り心地も見た目もスポンジみたいなところだ。ノルウェーのキンチャヤマイグチには、熱処理してもなお毒性を持ち続けるものはないという言葉を、私たちは生真面目にメモした。柔らかなきのこを押すのは楽しかった。キンチャヤマイグチによっては管孔〔きのこの傘の裏側に形成され、ヒダのように見えるチューブ状の器官〕の部分を指で押すと、「薄ら青く」見えるぐらい色が変わる。きのこには単純に青あざができることもあり、種を特定するための方法のひとつだ。私は今では管孔を指で押さず、遠目からでもキンチャヤマイグチを判別できるけど、意味もなく指で押したい衝動に駆られる。薄（うっす）らと青くなったきのこを見ると、ある種、子どもっぽい喜びを呼び起こされる。

マレーシアでの子ども時代、触ると葉っぱが閉じる植物で、何時間でも遊べた。そして忍耐強く待ち、再び葉が開いたその植物に再び触れた。開いた葉っぱに触れては閉じ、触れては閉じの繰り返しだったけれど、決して退屈することはなかった。むしろ楽しかった。調べた結果、その植物は「恥ずかしがり」という意味のラテン語名 *Mimosa pudica* のついたオジギソウと分かった。普通は、木や低木の下の日陰に生えている。ノルウェーのキンチャヤマイグチが薄ら青くなるのを見ると、なんとなくこのマレーシアの植物のことを思い出す。まるで自然が単純な、言葉のない対話によって私たちとコミュニケーションをとり、戯れようとしているみたいだ。

傘の裏に針を持つハリタケも紹介された。その一種のカノシタ *Hydnum repandum* は、英語で“hedgehog”、つまりハリネズミという名前で呼ばれている。傘の裏が針山状になっているので、折れた針が小さな白い芋虫のように見えるため、きのこを炙（あぶ）る時にこの針をかき取ってしまう人もい

カノシタ
Hydnum repandum

る。でも芋虫っぽいのは実は見た目だけだ。青白いハリタケは、「安全な五種のきのこ」のひとつ――つまり、恐ろしいドッペルゲンガーを持たない食用きのこだ。「安全なきのこ」という概念を耳にしたのは、それが初めてだった。これについて、学ばなくては。

カリキュラムにはまた多孔菌も含まれる。「安全な五種のきのこ」のひとつ、ニンギョウタケモドキ *Albatrellus ovinus* もこのグループに属す。ニンギョウタケモドキは変形して不格好に見える。このきのこを裏返すと、無数の孔が空いた針山（ピンクッション）みたいだ。白いニンギョウタケモドキを炙ると、レモン色に変わる。種によっては熱処理した時の変化は、その特性をさらに知る上で重要な手掛かりになる。後に、私たちは前述のキンチャヤマイグチが、熱処理中に白から暗い青に変わると知らされた。きのこの世界は私が講座の扉を叩く前に想像していたより、間違いなく、ずっと奇妙だった。

ハラタケ科にはとびきり危険な種と、とびきりおいしい種のどちらも多く存在する。そのため一番メジャーな種を知ることが、初心者には必要だ。ベニタケ科は、ハラタケ目の非常にカラフルなきのこだ。ベニタケ科はきのこの世界の「花」と言っていいぐらいで、赤、紫、黄色、灰色、青、緑など色とりどりの鮮やかさだ。「ベニタケ kremle」という名前を聞くだけで、よだれがあふれ出す。ノルウェー語語源辞典では、'kremle' という言葉は、「小さな分厚いもの」という意味の方言である 'krembel' の派生語ではないかという見解が示されていて、ベニタケ全般を適切によく表している。チチタケ属 *Lactarius* の傘の裏のひだ、それに切った後の断面からも、汁があふれ出る。チチタケ属には、色のついた汁が出るものもある。人参色の汁が出るアカモミタケ *Lactarius deliciosus*

ニンギョウタケモドキ
Albatrellus ovinus

とアカハツモドキ *Lactarius deterrimus* は、「安全な五種のきのこ」のうちの二つだ。私はきのこの世界が想像していたよりずっと色彩豊かであることに気づいた。きのこがなぜそういう色をしているか様々な説はあるが、確かなことは誰も知らない。こぎれいなきゅうりやトマトと一緒に売られる青白い色、または薄汚い茶色をした市販のマッシュルーム *Agaricus bisporus* のような退屈な種だけじゃない。

私の好奇心をくすぐったのは、ハラタケ目にこれまた属する風変わりな野生のマッシュルームだった。私たちはこれらがスーパーマーケットの普通のマッシュルームより、数倍おいしいと聞かされてきた。でもこの種のきのこは初心者にはややとっつきにくい。ある人が食用マッシュルームと、有毒な白いベニテングタケを混ぜこぜにしてしまったこともあった。野生育ちのマッシュルームがどんな味か、私は非常に興味があった。それに自分がマッシュルームの種類を見分けられるかにも。私が大急ぎでメモをとると、数ページがすぐさま文字で埋め尽くされた。

カリキュラムには食用きのこの他に、最も重要なもの――毒きのこも含まれていた。ローマ皇帝ティベリウス・クラウディウスは、西暦三七年、アグリッピーナ后に毒きのこを使って殺された。このテーマは当然、クラスの皆が興味をそそられた。ノルウェーのクリスマス飾りとして不動の地位を確立している赤いベニテングタケ *Amanita muscaria* は、毒きのこ。白いドクツルタケ *Amanita virosa* ほど強毒性ではない。細い柄とその柄の周りにいわゆる「輪」を持つ、雪のように真っ白なきのこ、白いドクツルタケは赤いベニテングタケとは対照的に致死的な毒性をもつ。アジアからの一部の移民は、長い実地経験から、白のドクツルタケの美しさにだまされてはならないと悟ってい

アカモミタケ
Lactarius deliciosus

た。このきのこは残念ながら、アジアからの移民の多くが母国で慣れ親しんできたごちそうきのこと見た目がそっくりだった。タマゴテングタケ *Amanita phalloides* は私たちが注意するよう言われた、もうひとつの毒きのこだ。報告書によると、この毒きのこの味はまろやかで、不味くはない。白のドクツルタケと同じく、タマゴテングタケは吸い込むだけで、死に至ることもある。「食べたら死んでしまうのに、まろやかな味がすると、どうして分かるのですか?」と質問する人はいなかった。皆、まるで礼拝に臨むかのように、静粛だった。

私たちきのこ初心者にとって、全体——つまり傘と傘の裏面、柄の部分——が白か茶色のきのこは避けなくてはならないというのが、単純な暗記法がごときルールだった。それ以外に二人のコース・リーダーから得られる暗記法は、少ししかなかった。きのこに毒があるかないか知る近道はないと分かった。きのこについては、ひとつひとつ学ばなくてはならない——以上。先生はそのことを非常にはっきり示した。

コースの先生の誰も、皆に人気のアンズタケを個人的な五つのお気に入りに全く入れていないことに、私は驚いた。夢のきのこはたとえばセンボンイチメガサ *Kuehneromyces mutabilis*、クロラッパタケ *Craterellus cornucopioides*、ヤマドリタケ *Boletus edulis*、アカハツタケ *Lactarius deliciosus*、アガリクス・アウグストゥス *Agaricus augustus*(和名未詳　ハラタケ属)、チチタケ *Lactarius volemus*、アミガサタケ *morels*。実はアンズタケのいとこである、それらきのこの名前の響きは童話めいている。聞き覚えがあるような、ないような。それらの名前を続けて読み上げたら、韻が全く踏まれていない、ほんの一瞬分かった気になる現代的な詩を聞いたような感覚に陥るだろう。アンズタケは、じょうご型の傘を持つきのこで、「小さなビーカー」を意味する小種名を持つ。他のきのこを探している時とは違って、黄金色（こがねいろ）がかったあんず色のアンズタケが見つかると叫んでしまう。困難を伴う採取法を好む人にとって、アンズタケを見つけるのは赤子の手をひねるように簡単だ。後に私は森の「単純な」アンズタケの前を通り過ぎてしまうきのこ愛好家と知り合いになった。実際に「アンズタケがあるよ」と言われた人は、「まあ、アンズタケもたまにはいいよね」とちょっと弁解するみたいに言うのだろう。他のきのこに比べ、アンズタケの旬は長い。ノルウェーでは、このきのこは六月にもう生えてくる。それはきのこ愛好家のひそかな楽しみだ。きのこ愛好家が知っていて、初心者の私がこれから出会おうとしていることは、何だろう？

アドレナリン放出

一晩、理論を習った後、招集された次の回のプログラムは、遠足だった。ノルウェーでの慣習である、日曜に野外への散歩に出ることのない人にとっては、それは散歩の域を超えていた。森は突如として、恐怖の地に変わりうる。さっき見たはずの種のきのこに再び遭遇し、同じ場所をぐるぐる回っていただけと気づくのは、気味の悪い体験だ。暗い森の奥へ奥へと誘（いざな）われた先で私はひとり、巨大な木を見渡し、道がないことにふと気づかされる。すると哀れなきのこ狩人を長い枝で捕えようと、木々がささやき合うのが聞こえる。森の散歩が怒りを鎮める最高の薬と知らない人や、ハイキング・シューズを履いて生まれてこなかった〔ノルウェー人はスキーを履いて生まれてくるというのが決まり文句で、それにかけたジョーク〕人にとって、これは危険なシナリオだ。マレーシアでは、熱帯雨林は日曜の散歩に行くのにふさわしい場所ではない。「日曜の散歩」という概念は、マレーシアの言葉にはない。そんな酔狂なことをするには、最低でも虫よけと鉈（なた）はいりそうだ。手足を失ったり、時に命も脅かされたりしかねない危険な行為に乗り出す人はいない。だから私はノルウェーの散歩文化と出会った時、カルチャーショックを受けた。交換留学で世界中からノルウェーにやって来る緊張気味な若者たちに、ノルウェーの散歩についての暗号の解読法を教えてくれる人など、ひとりもいなかった。それは私が安全と思える場所から抜け出して、努力して自力で見つけなくてはならないことだった。だからきのこの専門家で、ノルウェーの森を散歩するのに慣れた先生二人と森にきのこ狩りに行けてよかった。初めて「きのこ専門家」という言葉を耳にした時、思わず吹き出してしまった。法律の「専門家」という言葉は聞いたことがあったけれど、きのこに専門などあるとは知らなかった。

オフィシャル・ツアーではまた、小さなきのこが立派になるまでの変化の過程を知ることができる。きのこ本の中には、残念ながら完全に生長しきった姿しか載っていないものもある。それではきのこがその一生を通じ、どんな見た目になるか知るのは、少しばかり大変だ。きのこは人間みたいなもの。時間は誰に対しても、何に対しても、対価を伴う。きのこについてもそれは同じだ。

クロラッパタケ
Craterellus cornucopioides

私がどうしてきのこに夢中になったか？　初心者講座の先生に付いて私が初めてきのこ狩りに行った時に起きた出来事が、この問いの答えになるかもしれない。森に入った瞬間、白いドクツルタケが八、九本、群生しているのが見えた。それらのきのこは無垢（むく）で罪がなさそうだった。それでも毒きのこを見て、心が凍った。得たばかりの知識を、こんなにすぐ役立てられるなんて、信じられなかった。自然界の何が食べられないか知ったことで、私はこの難しいテーマに、ひそかに精通したような感覚を覚えた。マスターしたんだという感慨が、体を突き抜けた。おまけに、古い枝葉に上手く身を隠したクロラッパタケ――私には見分けがつかないけれど、講座の先生には見分けられるごちそうを見つけた。それらが黒と灰色だったので、私は少し驚いた。当時の私の認識からすると、食べものではないように思われたのだ。なので専門知識でなく、思いこみに基づいた偏った考え方をすることで、間違いを犯しうるのだ。私は、すぐに使える知識を得るような講座に通ったことが一度もなかったもので、オスロの先生方やオスロとその近郊のきのこ有用植物愛好会（以降、愛好会と呼ぶ）に深く感銘を受けていた。食用きのこを一杯集めたかごを持ち、きのこ狩りにも自分自身にも満足し、家に帰った。

段々と重要なきのこの種を知るうちに、きのこの世界の複雑な構造が少しは分かるようになった。いつか自信を持って、講座で習った十五種類のきのこを特定できるようになれるだろうか？　いわゆるきのこ専門家の試験には、少なくとも百五十種を特定できるようになる課題があるが、十五種を識別するのもおぼつかないのに、どうしたら百五十種ものきのこを見分けられるのだろう？　試験に受かるなんて到底、無理そうに思える。

たとえ限られていても新しい知識を身につけていけば、森は新たな体験になる。ふと私はきのこが――かつては景色のひとつとしか捉えておらず、目の前を通り過ぎていたきのこが、そこら中にあることに気がついた。眼鏡を新調したので、きのこが立体的に飛び出して見えた。私はたとえばミスミソウには石灰が必要といった、ノルウェーの植物相についての情報もたくさん得ることができた。ミスミソウがあるということは、森の土壌に石灰が含まれているということ。つまりは石灰性土壌を好むきのこを見つけられる可能性が高いということだ。

初めてきのこを見つけた時、ノルウェーのエキゾチックな森に新たな意義を見出せた。暗緑色の森は徐々に、私が行きたくてたまらなくなるような場所になっていった。私は歩みを進めながら、辺りの景色の全体像を素早くつかめるよう、森の土壌を見渡した。面白いきのこはあるだろうか？きのこを見つけたいのなら、携帯電話はオフにし、「きのこモード」に切り替え、身も心も浸るようにすべきだ――森に。森林浴はアウトドア事業者の触れこみ通り、体と魂に奇跡を起こすだけでなく、脳にもよいと私は思っている。

誰しも、子どもの頃何かに夢中になった記憶があるはずだ。たとえば働きアリを夢中になって観察している子どもの耳には、「ご飯ですよ」とお母さんが呼ぶ声は届かない。きのこの冒険は同じく魅惑的だ。きのこ狩りに行くと、日常の雑多なことから解放される。狩猟者と採集者の本能にスイッチが入り、魔法にかかった自身の世界に一気に吸いこまれる。集中力は研ぎ澄まされ、緊張が高まる。宝物は見つかるか？　そしてついに立派なアンズタケにひとつ、ふたつ、おまけに三つ出会った人は、きのこにこう言うかもしれない。「ああ、あなたは何て素敵なの！」。または、こう言う人もいるだろう、「ほら、ママのところにおいで！」。ところが私は緑の森で金が見つからないかと願いをかけて、ほんの一瞬、鼓動が少し早まる黄色いカバノキの葉っぱに、しばしば魅了される。大抵、それは金でもきのこでもない。ところが一度、モミの森の中で、持ち主のいない何枚ものお札を、レーザー光線のような鋭い視線で捉えたことがある。ノルウェーの森では目を開けていさえすれば、何が見つかるか分からない。

アスリートは「フロー」という心理状態についてよく話す。目標とスキルのバランスがとれている時に覚える達成感により、このフローは生まれる。全身全霊で献身し、肉体と苦行の間に調和がとれている瞬間に、心と魂にポジティブな感情が爆発する。集中と研ぎ澄まされた注意力は、喜びと熱狂をもたらす。その時、人はフロー状態にある。東洋では昔から、鍛錬を積むと、存在としての時間はなくなり、空間からも解き放たれる体験ができるのだという「禅の瞬間」について言われてきた。フローと禅は、様々な点で共通点の多い体験だ。人は歓びの境地に至り——世界はただあるがまま。

アスリートのフロー感覚や僧侶の禅の瞬間とは対照的に、私はきのこ狩りの喜びを、スポーツの世界の義務的な一万時間におよぶトレーニングや禅の僧侶の修行に次ぐ修行などをへず、初心者段階から味わうことができた。スキーやセーリングや他の趣味で、同じような高揚感を覚えるまでには、初心者にはもっと長い下積みの時間が必要なのではないかと想像する。ところがきのことなると、すぐにアドレナリンがほとばしる。きのこの喜びを味わいたければ、きのこの専門家とちょっとした散歩に行けばいい。きのこの喜びは一種の「手近なフロー」なのだ。

きのこに魅せられてからというもの、靴のつま先の前には、制御しきれない論理と生命力――かつて私が素通りしていた――魔法のような世界、見えないパラレルワールドがあると気がついた。きのこを見つける度、時間が止まったような感覚に陥る。フローと禅の両方を一度に体験する。喜びと宇宙全体との一体感は、心の充足と多幸感の両方をもたらす。この時、当てはまるのはひとつのみ。自分が今、まさにそこにいること――つまり自分の行動に専念すること。この時、私は夕飯に何を食べようかとか、私の髪型を周りの人がどう思うかなどとは考えない。

きのこ狩りは、野趣にあふれた官能的な体験だ。人は初め、きのこに「抵抗」されているような感覚を覚える。踏ん張って決して離れようとしない強情なきのこもあれば、私たちが優しくほほ笑みかけさえすれば、森を去り、私たちの家に来る心積もりはできているきのこもある。少し慎重に掘り返した後、手に金の獲物をようやく手にする瞬間が、私は大好きだ。当たりくじを引き当てたような感覚になる。無料で、様々な意味で多幸感を味わえるのだ。

ノルウェーの森を散策し、知識をたくさん身につけ、トレーニングすることで得られるもののひとつは征服感だ。ふたつ目は、予期もしていなかった多幸感である――初めて自分でおいしい食用きのこを見つけた時、心臓が飛び上がった。喜びとは、こういう感覚だったっけ？　エイオルフが亡くなって以来、失なわれたとまで思っていた感情が呼び覚まされると、くらくらした。それはまるで血管に直接、マルチビタミンを注射されるかのような感覚だ。何という体験だろう！　体の全細胞から、熱狂が湧き上がってくる。細い金の光線が魂にまっすぐに射し込んでくる。全てがただ粉々に砕け散り絶望しか残っていない中で、喜びが輝きを伴ってあふれてくるなんて、ありうるのだろうか？

きのこがひとつ見つかると、同じ種類のきのこが他にもそばにたくさん生えている可能性は高い。発見の喜びは積み重なっていくものだ。きのこがひとつ、喜びひとつ。きのこがふたつ、喜びふたつ。熱狂と祝福の歓声！

きのこの宇宙が開けると同時に、再生への道は思ったより単純だと分かった。それはちかちか、きらきらきらめく喜びをただ集めることだ。何が待ち受けているかも知れないのに、目下のきのこ道をただたどる。目の前に広がる未知なる広い世界で、私は何に出会うだろう？ 丘や霧、曲がりくねる道の陰には、何が隠れているの？

二番目によき死

夏のよく晴れた早朝、死がエイオルフを連れ去った。彼が事務所に足を踏み入れる前に。コーヒーメーカーに水をセットし、重たいショルダーバッグを置く前に。いつも通り、職場に一番乗りでやって来たエイオルフ。まさかそれが最後の出勤になるなんて。人生のただ中にいた——いや、いたとばかり思っていた彼が。

エイオルフは突然に亡くなった。あまりに突然すぎて、彼自身、何が起きたか分からなかったのではないだろうか。今が最期と、分かっていたのだろうか？　自分が死の縁に立たされていると、知っていたのだろうか？　最期に、何を考えたんだろう？　死は彼の想像していた通りだったのかしら？　穏やかに、確実に、輝く光の元へ召されたのだろうか？　光の力は、激しい恋のように強烈だった？　人生最高の経験のひとつになりうるほどに。幸い、その日の朝、他にもすでに出勤している人はいた。その同僚が、エイオルフが倒れたのを見つけてくれた。初めはちょっとつまずいただけと思ったそうだが、すぐに事態の深刻さを察した。エイオルフが救急車で運ばれた後、その同僚は私に電話をしてくれた。私は起床後、シャワーを浴び、朝食をとって穏やかな一日をスタートしようとしていたところだった。その不条理な知らせを頭が処理しきらないうちに、再び電話が鳴った。声に覚えはなかった。それもそのはず、知らない病院の医師だった。私はエイオルフの同僚からの電話のショックで、まだ少し呆然としていた。

「申し訳ありませんが、悲しいお知らせをしなくてはなりません」医師はそう言った後、メトロノームみたいに一定のリズムで続けた。「旦那さんが亡くなりました。お悔やみ申し上げます」

ふいに突きつけられた、死の宣告。

「どうして？　何が起きたんですか？」

私は自分が何を言ったかほとんど覚えていない。

「旦那さんは一瞬で意識を失いました。何も感じなかったはずですよ」と先生は言った。

私は沈黙した。何を訊けばいいか分からなかった。

「理想的な最期でした」と医師は言った。私は自分の中で抗いたい気持ちの波が立ち、喉元に突き刺さるのを感じた。医師の言葉には全く同意できなかったけれど、何も言葉にできなかった。医師は私を慰めようとして、そう言ったのかもしれない。でも形だけの慰めは受け入れられなかった。私にとっての最良の死は、骨身に染みるような痛みを感じることなく、完全に意識ある状態できちんとお別れできる恩寵の時を迎えることだった。そのような時を必要とするのは、恋人や近親者だけじゃない。亡くなる当人だって、必要としているのだ。人生の幕引きには、時間を要する。

とびきり重くて固いハンマーを振り下ろされたような気分だった。緊張からか、部屋がぐるぐる回っているような感覚に襲われた。私はへたりこんでしまった。あふれ出す冷たい汗。心の中はカオス——非常事態だ。吐き気がする。夢を見ているのだろうか？　それともこれは現実？　エイオルフのおかげで、自分は生きていけるんだと思ってきた。その彼が亡くなるなんて。ほんの数時間前まで、一緒にいたのに。私が十八歳、エイオルフが二十一歳の時から、ともに歩んできた。今、エイオルフはウッレヴォル〔オスロにある地域〕の救急救命室にいる。冷たくなって。ついさっきまで、ぴんぴんしていたのに、次の瞬間にはもう亡くなってしまった。心臓の鼓動ひとつで、状況はすっかり変わってしまう。親友がいなくなってしまった。私はこの世に、ひとり遺されたのだ。

　電話を切りたくなくて、受話器を一層強く耳に押し当てた。先生に言葉を終えてほしくなかった。いくら詳しく話そうと、詳し過ぎることなどない。エイオルフの話なら、何だって聞いていたかった。先生はその日の朝、私を貫いた残酷な現実と私をつなぐ、唯一の接点だった。私は呼吸するのも忘れていたのではないかと思う。将来の計画を変更し、マレーシアからノルウェーに移住することにしたのは、エイオルフのためだった。その彼にもう会うことも、言葉を交わすことも、その匂いを感じることも、抱きしめることもできないなんて。生きていても意味はない。電話での会話が、私の存在を真っ二つに切り裂いた。受話器を置く時には、すでに私のそれまでの人生は香りを失ってしまっていた。

　どんなに長い夫婦生活も、終わりは二通りしかない——離婚か死のどちらか。私たちの結婚生活は、エイオルフの死によって終わりを告げた。死は絶対的なものだ。死んでいるか、死んでいないか、そのどちらかでしかない。ある状態を別の状態と分断するもの——それは無数の細い透明な糸だ。それらの糸はぴんと張っていて、頑丈で強く、誰かが死の国へ渡ろうとするのを時折、妨げる。

死のうとしたけれど、幸い直前で死を思いとどまった人の話を耳にしたことがあるだろう。ほぼ毎日、タブロイド紙でそういった奇跡の話を目にする。でもそういう糸は時に繊細で切れやすい。糸は切れて、ほぼ何をしていても、すぐに無の中に消えていくのだ。生から死への道のりは、残酷なまでに短い。この時、人は人生の刃先の上を歩き、離れていく。そして帰り道はない。

彼らは救急救命室で私を待っていた。私が誰を見に来るか知っていたのだ。でもエイオルフにすぐに会わせてはもらえなかった。最初に看護師が私を事務所に招き入れ、話した。私を落ち着かせ、心の準備をさせたかったのだろう。簡素な紙コップに注がれた冷たい水を手渡された。喉は渇いていなかったけれど、とりあえず飲んだ。少し話すと、看護師は私について来るよう言った。廊下を何度か曲がって進み、同じ階の霊安室の前で止まる。看護師がドアを開け、エイオルフはそこにブランケットを一枚かけられて横たわっていた。まるで眠っているみたいに。エイオルフのところに向かっていることは知っていたのに、彼を見て、驚かずにはいられなかった。ベッドリネンは清潔で、霊安室ではろうそくに火が灯され、花々が飾られていた。そこには厳かな雰囲気が流れていた。死に対する崇敬で満ちていた。そして生に対しても。

私は暗くて寒い地下の部屋に行き、冷たい金属のベッドで、頭までシーツをかけて横たわるエイオルフに向き合わなくてはならないのではと、想像していた。でも今、目の前にいる彼はきちんと整えられたベッドで、安らかに眠っている。私は床の上に何かを乱雑に積み重ねたものの上に崩れ落ちた。体が震える。脈がドクドクいうのを感じた。起きて、と何度も懇願したけれど、反応はなかった。看護師が空を見ている。苦しんでいる私につかの間、プライベートな時間を与えるつもりだったのだろうか？　少なくとも私は看護師のことを全く気にしていなかった。エイオルフを強く抱きしめ、手を握りたかった。毛布の下のつるつるのシーツに手を滑らせ、彼の手をとった。まだ温かい！　予想もしていないことだった。私は体中に深く温かい感謝の念が広がるのを感じた。私のことを待っていたんだ！　エイオルフが氷のように冷たくなり、遠くに行ってしまわないうちに、駆けつけることができてよかった。

エイオルフが亡くなったと知ってはいても、理解するのは困難だった。医師が重大なミスをしたのでは？　奇跡の時は、ひょっとしたら今からでも訪れるのでは？　エイオルフがふいに起き出し、微笑まないかしら？　次に私がまばたきする時には、彼が突然、ゆっくり目を開け、こちらを見、いつもの彼らしい言葉を口にするのでは？

私は試しに目を閉じてみた。そして目を開けてみたけれど、エイオルフは目覚めなかった。彼の人生は、止まったままだった。後は最後に、狂気に満ちた願いを私が葬るのみだ。

ようやく病院を後にする時、エイオルフの服とショルダーバッグの入った二つのビニール袋を持って帰らされた。バッグの中には、彼がいつも持ち歩いていたカメラがあった。エイオルフは写真を撮るのが大好きだった。彼が最後に撮った写真を見るのは奇妙な感覚だ。でも私にはそれらをじっと見つめる時間がなかった。

答えを要する疑問は、いくつもあった。どの棺にする？　土葬、それとも火葬？　何日の何時に、どの礼拝堂で？　死亡広告には、何て書けばいいの？　式次第は？　どんな音楽を選べばいいの？　誰に知らせれば？　私は崩壊寸前だった。なのに多くの準備や手続きを行い、大小様々な決断を下さなければならなかった。私は頭の中を空っぽにして、体が動くのに任せた。次々と電話がきた。皆、信じようとしなかった。私自身、ショックを受けていたのに、他人を慰め、支えなくてはならなかった。自分でもどこから出ているか分からない言葉が、口から飛び出した。怒濤の日々が過ぎていった。早送りボタンが押しっぱなしにされているみたい。混乱のただ中にいた私が言えることなど、ろくになかった。

一番の苦労は、私自身が選んだことから生まれたものだった。私はエイオルフを棺に入れる前に、服を着せたかったのだ。葬儀屋さんにそう言って、眉をひそめられることはなかった。全て望み通りにしてもらえた。彼らは様々な選択肢を用意してくれていた。そのため自分では分かっていなかった要求に気づけた。マレーシアでは、近親者が葬儀の手はずを整えるのが一般的だ。これまでやる機会はなかったものの、妻として自分で、彼が棺に横たわる前に、服を着せてあげたかった。私はそれにエイオルフが亡くなっていようが関係なく、彼の姿を見つめていたいと、強く願っていた。私は異なる文化の中で育った私は、近親者がどうして何もかも葬儀会社に委ね、閉じた棺の中でしか亡くなった人と再会を果たせなくても平気なのか、理解できなかった。

約束の時間、病院の礼拝堂に来た私は、死者に服を着せなくてもいいと言われた。解剖後の体に服を着せるのは辛いだろうと。身体の前面に残った「Y」字は、遺体の解剖処置でつけられた大きな傷だった。もう少し知識を得ることでエイオルフの突然の死が解明されるだろうか、そう思って私は解剖に同意したのだ。でも注目に値する新たな詳細な事実は何も分からなかった。解剖は、別の言い方をするなら、エイオルフには何の得にもならなかった。主に遺された私たちのためだったのだろうか？　準備が終わると、エイオルフが礼拝堂に運ばれてきた。それとも、ひょっとしたらすでに礼拝堂の部屋にいたけれど、脇に移動されていただけだったのだろうか？　あまりよく分からなかったが、エイオルフの体にはシーツがかぶせられていたのが想像できた。幸いシーツは顔まではかかっていなかった。

病院礼拝堂のスタッフの言う通りだった。エイオルフを見るのは苦行だった。大急ぎで縫い合わされた首からへそまでの大きな傷のせいではなく。そうではなく、彼がひどく死人っぽかったから。顔の肌ツヤは悪く、魂が抜け落ちて見えた。亡くなってすでに数日たっていたのに、心の準備ができていなかった。そこにいたのは彼でありながら、彼ではなかった。そこにいたのはエイオルフでなく、彼の肉体だった。「デスマスク」という言葉は聞いたことがあったが、やはりこういうものなのだろうか。人生が完全に終わった今、どう別れを告げればいいんだろう？　幅の狭いスチールのベッドに裸で横たわった彼は、ひどく寒々しかった。私から見れば、彼の体にわずかに残っていた生気を取り去ったのは、解剖だった。今の彼は眠っているのとは違っていた。青く、冷たく、死んでいた。確実に。もう彼は奇跡が起こる余地もないところへいってしまったのだと私は知っていた。でもその姿を再び見られて、うれしくもあった。エイオルフはリラックスして、穏やかそうに見えた。強く、また同時に傷つきやすく。もしかしたら、ほんの少し笑っていたのだろうか？

大きな天窓から、病院の礼拝堂に光が降り注いだ。たくさんの蠟燭にもまた火が灯っていた。ベッドの後ろには、現代的なガラスの絵画が掛けられていた。何もかもが清潔できれいで平和だった。様式は簡素で、大げさでも飾りすぎてもいなかった。優雅とさえいえた。心地いい。私はエイオルフの頬に触れた。慰めるように。もう慰められないのに。それとも私が慰めようとしていたのは、私自身？　対照的に、私の役目は大きかった。私たちはエイオルフに服を着せ、棺の上に彼の体を横たえなければならなかった。私は彼の旅の終わりを見届けようと、はっきり決めていた。人生は呼吸が止まった瞬間に終わるわけではない。死は幾千ものささやかな聖なる瞬間を集めたもので、おしなべて敬虔だった。それらの瞬間が失われることはない。私はそれらの瞬間を全て大事に思っている。

　エイオルフに何を着せたらいいんだろう？　私たちは真新しい黒いスーツを持ってきていた。棺の上に、たむけとして置くよう母から言われていた、下ろしたてのカラフルなサロン〔マライ人など東南アジアの男女が腰に巻くスカート状の腰衣〕も。葬儀会社はノルウェーの葬儀で最もよく使われる、緩くて白い外衣や、軽くて薄くて白い「毛布」を携えていた。ノルウェーでは葬る死者に下着をつけさせないというのは、衝撃だった。外衣の上に「毛布」をかぶせられているのを見ると、エイオルフがまるで服を着たまま眠ってしまったかのような錯覚を覚えた。上着には結局、白いノルウェーの外衣と足首までの長さのある色彩豊かなバティック柄のマレーシア製のサロンを着せることになった。エイオルフはいつも家でサロンを着て歩き回っていた。職場から家に戻ってくると、まずサロンを着た。棺に毛布などは入れなかった。無計画だったが、最終的には上手くまとまった。そう、美しいほどに。エイオルフの生き様を反映した衣装を見つけられたことに、私は満足していた。葬儀会社で用意されたプランから選ぶだけでなく、具体的な儀式ひとつひとつにオリジナリティが感じられてよかった。意外な場所で、こんな細かな点に癒しと慰めを見出すことができた。棺の蓋を閉めると、本当に終わりなんだと思えてきた。これでいよいよ完全に終わりなのだと。

葬儀には知人も見知らぬ人も、両方来ていた。エイオルフの仕事の同僚、大学の同級生、就職後に知り合った人たち。私たち夫婦が毎年、五月から八月、暮らす別荘で、共同で農園を借りる仲間たち。めったに連絡を取らない遠い親戚。よく知っているとばかり思っていた、伴侶の人生の別の輪郭が見えてくるのは、奇妙な感覚だった。農園のクラブハウスは、朝の散歩にちょうどいい距離にあった。クラブハウスに行くには、並んで建つ小さな木造のコテージとコテージの間の狭い通路を歩かなくてはならなかった。それらのコテージは、建物部分も、庭も、それぞれ個性があった。都会の真ん中に、このように簡素だけれど住みやすいコテージがあるのは、ノルウェーならではだ。

大勢の人の前で話すことに問題はなかったけれど、最後にどうお別れすればいいのか分からなかった。何て言えばいいの？　私の家族が地球の向こう側からオスロ空港に飛行機でやってくる前の日の朝、早く起きてしまったのをよく覚えている。エイオルフは私たち一家に、とても愛されていた。父からは「一番お気に入りの義理の息子」と呼ばれていた。私はひとり娘なので、父に他に義理の息子がいるわけではなかったけれど、兄弟の妻たちに不快感を与えずに父が言う、家族にだけ通じるジョークだった。街全体はまだ眠っていたが、外が白々としはじめる夏の朝だった。ゆっくりと目覚めた私は、エイオルフの夢を見ていたのだと気がついた！　何て幸運なんだろう！　それは予期しないことで、魅惑的ですらあった。彼に守護天使がいるかのような。目を見開いた私は、はっとした。エイオルフが寝室にいた？　私の口から突然、言葉が出てきた。私はペンを手に取り、ベッドに横になりながら、スピーチを一字一句、書き出した。

スピーチすること自体に抵抗はなかったけれど、自分の思う最良のスピーチができるか自信が持てなかった。倒れずに、きちんと立っていられるだろうか？　ちゃんと言葉は出てくるだろうか？　唯一の心の慰めは、私がエイオルフに告げられなかったことが、ひとつもなかった点だった。女同士が集まると、夫は生贄（いけにえ）のように悪く言われるものだが、幸い私は夫である彼に感謝していた。同じく幸いなことに、そのことを彼に何度も伝えてきた。私が結婚生活で、でき損ないの妻でなく、私らしくいさせてもらえたと感謝できたことに、自分でもほっとしていた。

　葬儀の後、家族や友人、招待した親しい人たちを、貸し農園のクラブハウスに招待した。メニューは衝撃的なほど簡素だった。豪華なカナッペも、ソースが添えられ高々と積み上げられたオープンサンドもなく、パンとソーセージだけ。葬儀を執り行うのに、持ちうる力を全て振り絞らなくてはならなかった。弔辞も読まなくてはならなくなった。葬儀後の会食にまで、全く頭が回らなかった。食事の手配までしなくてはならないのだ、と理解した時には、軽くパニックに陥った。ソーセージを出せばいいや、と思いついてすぐ、それでいい、と自分をなだめた。実際、それはエイオルフが心から慣れ親しんでいたメニューだった。彼は年に数十キロものソーセージとじゃがいもの薄焼きを食べていたに違いない。ソーセージとじゃがいもを何個か用意し、そのうちいくつなくなったかを見て、買い足しに行くのが楽という点が、私の実用感覚に合っていた。

　何でも手伝うよ、と繰り返し言ってくれた友人Uが、ソーセージの給仕役を買って出てくれた。彼は「何人来ると思う？」と訊いてきた。私は答えられなかった。見当がつかなかったし、計算などできる状況ではなかった。コーヒーをどう準備したのかも覚えていなかった。お茶菓子もいくらか用意しなくては。でもどこで？　何人かがその仕事を黙って引き受けてくれた。それらは私の頭から抜け落ちてしまっていた。

貸し農園のクラブハウスは、思い出の時を過ごすのに完璧な空間だった。初めに、両側に木の小屋が建つ、狭い小路を通らなくてはならない。どの小屋も庭も独特のスタイルをもっていて、単純な作りのものもあれば、精巧なものもあった。芝生をきちんと水平に刈りそろえ、手入れした花壇を数分単位で見張る人もいれば、栽培法がずさんで、草花が伸び放題の家もあった。小道の先には、景色が広がっていた。クラブハウスは両脇に貸し農園の小さな小屋が見える高台にあった。エイオルフなら、皆が彼についての思い出話として話す全ての言葉を聞きたがるかもしれない。でもエイオルフが圧倒されてしまう気もした。エイオルフは社交の場の中心に立つのが好きではなかった。彼は物静かなタイプだったけれど、独特の存在感があった。でもどんなタイプかは関係なく、よい言葉を聞いて、誰も悪い気はしないと思う。

私は葬儀の後、倒れ、半ば昏睡状態になるのではないかと思った。やるべきことは、全て終えた。近所や遠方から来た人たちは、家に戻っていった。花が枯れ、電話も鳴らなくなった。こうして私はアパートにひとり座り、ぼんやりとした悲しい考えに取り憑かれていた。エイオルフは二度と戻ってこないのだと理解したのは、その時だった。

私は気づくと、悲しみに没入していた。悲しみは大きく膨れ上がり、私の人生を飲みこんでいった。私は悲しみの沼にいた。朝、目を覚ましても、起きたくなかった。私はたったひとつの鍵穴から世界を覗いていた――喪失と痛みという鍵穴から。全て過ぎ去るまで、私が身を隠せる場所はどここにもなかった。私は泣きたいだけ泣き叫ぶことができたけれど、どうにもならない現実に答えをくれる人は誰もいなかった。私は自分の頭をエイオルフの枕に乗せた。ファーゲルボルグの街はひっそりと静まり返っていた。

私の人生の一大事は、夢ではなく現実だった。オルフェウスのような死の苦しみ。私は疑問に対する明確な答えを全く見つけられずにいた。エイオルフなしで、どう生きたらいいの？

形ある、強固な梁（はり）のように思えていた全てが、ふんわりとしたしゃぼん玉となって飛んでいき、視界から消えた。私は軽いピンポン玉になり、広い海に投げ捨てられ、高い波に流され、あちこちを漂うのだ。悲しみは嵐の吹く、移ろいやすい海のよう。そこには何の救命ブイもない。私は自分を引き裂き、引っ張ろうとする力に圧倒されていた。

「人生は続く」と人は言う。痛みが全く癒えない中、どうしてそんなことを言われなければいけないの？　いわゆる「先に進む」ことを考えはじめる前に、まずは悪夢を現実だと——完全に別世界のシュールレアリスティックな現実を事実と認め、受け入れなくてはならない。受け入れられないことを、どう受け入れればいいんだろう？　私は過去の人生に戻りたかった。時計を巻き戻すために私が押せるスイッチはあるのだろうか？

人生を一から立て直すとは、こういうことを意味するのだ。生き抜くことと、新たな人生を生きることの両方を。でも私はどうしたらいいんだろう？　さらに私は、エイオルフというひとりのノルウェー人のためにこの国にとどまっていた移民として、次のような問いを突きつけられた——私はこの国に住み続けるべきだろうか？

この世に存在する、ありとあらゆる感情のうち、最悪なのは絶望だ。絶望と狂気は紙一重。全ての色がごちゃ混ぜになり、ひとつの色と化す。絶望の谷はからからで、不毛だ。目の前の道は陰惨だ。向こう側に、目的地はひとつだろうか？　標識は、はっきりとは見えなかった。太陽はひたすらじりじりと照りつけ、背中の荷物は鉛のように重い。悲しみを運びきれなかった。木も影も見当たらない。道には尖った石しかなかった。宗教を信じる人を、今回ばかりは羨ましく思った。早い段階で死に意義を見出した人には、ただ全てが意味のないものに思えるのだろうか？　肉体が滅びていくのに、永遠の命を信じることで、生きることが楽になるだろうか？

哀悼の意を表し、共感してくれる人はたくさんいた。私はよい友達に恵まれていたけれど、誰も私の荷物を代わりに運ぶことなどできない。たくさんの人たちがエイオルフの死をともに悲しんでくれたけど、私の悲しみは私ひとりのものだ。不幸に襲われた時、人生の方向性に慣れるには時間がかかる。喉元を締めつけるような悲しみを、なんとか生きていける程度の痛みに変える責任を主に負うのは私だ。再びバランスの取れた人生を送れるかどうかは私次第。

するべきことは、ただひとつだった。片方の足を、もう一方の足の前に出し、古代の街並みの中を歩き回る巡礼者のごとく歩き出すことだ。一日に起きることはわずかだけど、同じ日は一日たりとてない。私が動こうと、人生は急には前に進まない。

時間は速く、また同時にゆっくりと流れる。ゴビ砂漠を歩くように、延々と続くこともあれば、一瞬のように短いこともある。水の流れが海の一部と化すように、私も溶けていく。私自身は同じ人間なのに時の流れに同化していく、言葉にはできない変化が起きていた。じゃあ今の私は誰なんだろう？　元のような人生を生きることができない。でも新しい人生がどうなるか分からない。正直に言うと、私には実際のところ自分が何を探しているのかも分からなかった。

エイオルフはふざけたり、冗談を言ったりする名人で、私をいつも笑わせてくれた。私はいつか笑えるのだろうか？

エイオルフに自分のよい面を引き出してもらえた。今後はそれを自力でしなくてはならないのだ。前と同じように自分を好きでいられるか、自信が持てなかった。

ここで自分の余生をエイオルフなしで、はじめなくてはならない。私がそういう苦労をしたかろうがなかろうが関係なく、愛する人の死によって、人生の方向を変えざるをえなくなった。

秘密の場所

後で思い返してみると、エイオルフの死後、悲しみと向き合ったことには、人類学の伝統的なフィールドワークとの類似点がいくつか見られたような気がする。フィールドワークの間、人類学者たちは研究対象の人々と生活をともにし、世界と文化を彼らの尺度からより深く理解しようとする。フィールドワークは初めのうちは分からないことだらけ。混沌としていて、一目、見ただけでは、さまざまな印象と説明が矛盾しているように思え、たちまち混乱してしまう。ようやく視点が定まるまでに、人類学者は基本的には理解できない事柄についてなおも仮説を立て、試し、再び熟考しなくてはならない。

無意味なことに意味を見出そうとした私に起こったことも、これと同じだったけれど、重要な違いはひとつあった。私が見つけなくてはならなかったのは、外界の見知らぬ世界ではなく、内の世界の全てが混然となった混沌（カオス）状態だった。同志を失った今の私は、何者なのだろう？　人生に新たな意義を、どう見出せばいいんだろう？「心のフィールドワーク」は骨の折れる訓練だ。

私が知ったきのこは、私に栄養と休息を与えてくれるちょっとした休憩所であって、自分の心を認識する次の地へと導いてくれた。きのこの旅の喜びは、この分野に没頭する動機を私に与えてくれた。きのこは私の人生の新たな意義を見出す上でも、新鮮な視点を提示してくれた。そう易々とは体系化できないきのこの世界をそれでもなお少しずつ体系づけることで、私は自分の中の混沌とした感情を徐々に体系づけることができた。

でもまずはきのこを見つけなくては。

初心者なら誰でも、あるフラストレーションを抱える。きのこを見つけるには、まずは自分たちがどこに行くべきか知る必要がある。でも皆が知る通り、一番のきのこのありかは秘密だ。きのこのありかについての知識は、非常に貴重な宝のように、大半の人が隠しているため、限られてしまう。

ある知り合いは、娘に遺そうと、携帯のＧＰＳに大事なきのこのありかを記憶させている。素敵なきのこを見つけたいのに、宝のありかを共有してくれるような知人がいない場合、どうしたらいいのだろう？

そういう時には、地元の愛好会の門を叩くといい。きのこ専門家と一緒に愛好会のツアーでそこに生えるきのこを見ているうちに、それらの地形を読めるようになっていく。きのこのありかは、家のソファーでくつろいでいて得られる知識ではない。経験豊かなきのこ愛好家は、きのこを見つけるのが上手だ。これは少し神秘的に思えるが、経験豊かなきのこ狩人に、見知らぬ森で道を示してくれるのは、実際のところ、体系化された具体的体験だ。体に知識の層が蓄積されていく。日常的に分厚い眼鏡をかけている年輩のきのこ愛好家と私は散歩に行ったことがあるけれど、そういう人たちは私よりずっと「きのこを見る目」があった。そういう人たちは私が通り過ぎた後、同じ道できのこを見つけると、満足そうに笑うのだった。きのこを見つける第六感を備えていない場合は、若い人を連れていくとわずかばかり役に立つ。どこがきのこの見つかりやすい場所か分かるかどうかは、ある意味、センスの問題なのだ。経験を積めば積むほど、第六感が研ぎ澄まされていく。犬や豚がトリュフの匂いをたどるように、森の中で、ときにはきのこを嗅ぎ当てられると言う人もいれば、非常に貴重なきのこを嗅ぎ当てられる人もいる。

愛好会が準備してくれた、誰でも参加できるきのこ狩りに私は参加しはじめた。ここではきのこの専門家が常にツアーガイドを務めるので安心でもあり、同時に学ぶことも多かった。きのこ狩りはきのこが旬の期間の土日祝日には常時開催されていた。ときには平日にも。きのこ狩りは、オスロに長年暮らしてきたこの私も聞いたことのない、様々な場所で行われた。ツアーの集合場所までは、大抵、公共交通機関で行くことができた。おまけにツアーは無料だった。愛好会は町の人たちへ、すてきなおもちゃ入り卵型チョコレートまでプレゼントしてくれた。愛好会主催の公式のツアーに行くメリットは、後からきのこ管理所に行かずに済むところだ。そこでは小さくても致死レベルの有毒なきのこが交じっていると、その日手に入れた他の食用きのこもろとも、全て捨てなくてはならなくなる恐れがある。愛好会のツアーでは、狩ったきのこは、見つけた端からひとつひとつチェックされ、コメントを受ける。私はオスロで実際にきのこが採れた場所についての地図を、頭の中で少しずつ描いていった。それらの場所はどれも実際のところ秘密ではなくて、きのこが見つかる可能性が高いと私が知っている場所だった。そこから探しはじめることができる場所。

頭の中で実際にきのこが生える場所の概観を思い描きながらきのこ狩りに行くのは、運を天に任せるがままにアンズタケを探すのとは全く異なる。私自身は非常に幸運にも、「きのこのキャリア」の早い段階で最良の方法を知ることができていた。私はアメリカ滞在中に、北米菌学愛好会の前会長で、米国人のバイブル、『オーデュボン協会による北米のきのこのフィールドガイド *The Audubon Society Field Guide to North American Mushrooms*』の著者、ゲイリー・リンコフ主催の個人的なきのこ狩りに参加するため、ニューヨークに招待された。

ニューヨーク、セントラルパークでのきのこ狩り

ゲイリー・リンコフは、磨き上げられたユーモア・センスと豊富な専門知識を持つ小男だった。彼は常に大きな帽子をかぶり、世界各地のきのこフェスティバルで見つけたと思しきTシャツを着ていた。きのこは万国共通の娯楽のようだ。互いに挨拶をした後、リンコフは雑談もそこそこに、木から木へと毅然とした素早い動きで歩き出した。ニューヨーク最良の狩り場でガイドを見失わな

いよう、私は急ぎ足でついていかなくてはならなかった。

素人目には、リンコフの探索法はごく偶発的なものに見えるかもしれないが、実はそうではない。彼には三・五平方キロメートルのセントラルパークに、なじみのきのこ狩り「コース」があった。彼は突然足を止め、何の変哲もない芝生を注意深く探りはじめた。草が伸びている。公園の庭師が芝刈り機で刈ってから、随分、時がたっているのだろう。あった！　リンコフがお目当てのものを見つけたようだ。ノルウェーでは見られない、食用のナラタケモドキ *Armillaria tabescens* だ。リンコフはセントラルパークのすぐ近くに住んでいて、きのこ狩りシーズンは、毎朝、出勤前に軽い偵察に出るらしい。そこで彼はきのこがどれぐらいまで生長しているかや、二、三日後に戻ってくる必要性があるかメモをとる。きのこにはシーズンの早い段階で生えるものもあれば、遅く生えるものもある。リンコフはこれに応じて、コースの回り方を変える。このようにして彼は日々、セントラルパークの秘密の場所に目を光らせているのだ。夕食にきのこが必要なら、通りを渡って、ごちそうをひとつふたつ持ち帰ればいい。どの木のそばでどのきのこを見つけることができるか、シーズンのどの時期に実際にそれらを見つけることができるか、リンコフが次から次へとコメントする中、私たちは公園を通り抜けた。

私たちはまたリンコフが「貧者のコショウ」（'Poor man's pepper'）と呼ぶ、まっすぐな柄とボトルブラシのような白い花を持つ植物、マメグンバイナズナ *Lepidium virginicum* を見つけた。アブラナ科の植物はどれも食べられる。種は黒コショウ代わりに使え、花と葉っぱもほんのりコショウの味がするので、サラダの上に散らすのにいい。

曲がり角で私たちは公園の係員に出くわした。係員は私たちの注意を惹きつけようと、小さく咳払いをした。

「きのこを狩ったのかい？」その年輩の係員はそう尋ねてきた。

ここが自然享受権〔土地の所有者に損害を与えない限りにおいて、すべての人に対して他人の土地への立ち入りや自然環境の享受を認める権利〕の治外であることは言うまでもない。私たちは現行犯だった。

「何の種類だい？」係員はリンコフのかごを指差しながら尋ねた。声は優しかった。

「セントラルパークできのこ狩りはしてはいけないと、あんたたちに告げる義務が私にはある。さあ、これできっちり伝えたぞ。仕事はおしまい！」係員は私たちから遠ざかりながら笑って言った。理性的な仕事ぶりの好例だ。

狩猟採集民族が食料を十分に集めるには、週に十七時間以上働けば十分というのが、人類学者の見解だ。現代では多くの人にとって狩猟採集はアウトドアライフや社交の欲求を満たすための活動であり、食料を集めるのが主な目的ではない。でもだからといってきのこ好きが、この地球の狩猟採集民族ほど、狩りを真剣に受け止めていないわけではない。きのこへの興味により、備わっていることすら自明でなかった、古来の採取の欲求を呼び覚まされることもある。それは私たちに「内なる狩猟採集民族」と触れ合うきっかけを与えてくれる。ニューヨーク菌学会は、二〇〇六年以来、セントラルパークできのこ登録プロジェクトを行ってきた。彼らはこれまでに四百種のきのこを見つけてきた。そのうちアンズタケ属は五種。これに比べ、公園の登録植物種はおよそ五百種だった。薬効があることから中国人が珍重するマンネンタケ *Ganoderma lucidum*、つまり霊芝を私が見つけたのは公園でだった。古代中国で、このマンネンタケは不老不死のきのこと思われていた。今日の中国では、このきのこは薬局で販売され、癌や心臓疾患や他の病気の治療に使われている。マンハッタンの南端にあるチャイナタウンの患者が、セントラルパークまで地下鉄に乗ればすぐと知っていれば、中国人の営む薬局で無駄なお金を使わなくて済むのに。私はマンネンタケを慎重に包んだ。マレーシアの年老いた母へのよいお土産になりそうだ。向こうでは、西洋の薬と東洋の薬を併用することに、何の抵抗もない。必要な時に必要な医薬品を使うのは、賢明な自衛手段と考えられている。次に彼女が友人の集まりのホストの順番が回ってきた時に、ニューヨークのセントラルパークでとれたマンネンタケを友人たちに振る舞う姿が目に浮かぶようだ。

セントラルパークでのゲイリー・リンコフとのきのこ狩りは、宝の地図を実際持っている時、どのように歩いて回ったらいいかを示す好例だ。

私は米国の菌類学のカリスマ的地位にいる男性と、ニューヨークのセントラルパークできのこ狩りに行けたのだ。新たな世界への扉は開かれたけれど、自分の殻を打ち破ることはできなかった。その時にはまだ。実際のところ、当時の私は何も感じていなかった。解剖学的に正しいかは分からないが、あの時の私は「心臓が壊れたよう」だった。エイオルフの突然の死は、私を肉体的、精神的、感情的な緊張状態に追い詰めた。私の細胞ひとつひとつが、警戒態勢下にあり、アドレナリンによって生きていた。悲しみで心が麻痺することもあるのだろうか？　悲しみは肉体が生き延びられるよう、ひょっとしたら全身に一種の麻酔薬をかけ——本能的な知覚喪失（アネステシア）効果をもたらすのだろうか？　もしかしたら私が完全に無感情になったのは、そのためなのだろうか？　私は感情の記録を全て失ったかのようだった。自分の状況を言い表すのに必要な言葉が――備えていたはずの語彙が出てこなくなった。悲哀の竜巻の目では、言葉がすっかり抜け落ちていた。

私を守ってくれていた強固な壁が崩れてしまった。私は今、ひとりで傷ついていて、雨風にさらされている。悲しみは私から生きる力を奪った。思いやりあふれる家族や友人に囲まれていても、孤独には抗えない。内側から干からびていくような感覚。残されたのは、弱くて愚かで灰色の私だけ。眼鏡を新調すべきだろうか？　耳もよく聞こえない。嗅覚は多かれ少なかれ鈍くなり、何を食べてもダンボールみたいに思えた。感覚器官が壊れてしまったみたいだ。以前はただ目を閉じるだけで眠っていたのに、あの日を境に、夜の闇の中、自分が何時間起きているか数えるようになってしまった。頭の中で交錯する思考とイメージ。集中力が下がっていき、昔の自分が恋しくなる。エイオルフと購読していた新聞や雑誌が、読まれないまま積み上がっていく。玄関のドアの前で、どの鍵を挿せばいいか分からず、何度も立ち尽くした。仕事をキャンセルするのに多くの時間を費やした。家事などは、どう手を付けたらいいかも分からなかった。時間を何に使えばいいのか分からなかった。時が指と指の間を、すり抜けていく。時間の読みが楽観的な人が、物事を予定通りに決して終えられないのは、こういうわけなの？　考えがまとまらずいつも遅刻ばかりするだらしない人たちに、この時ばかりは同情した。手帳に何の約束を書いていたか、忘れてしまった。食事も喉を通らない。人付き合いにもすぐに疲れてしまった。悲しみについての本をプレゼントにもらったけど、言葉と言葉がほどけていき、私の前をくるくる踊るばかり。文章が全く、頭に入ってこない。

物心ついた頃から文章を読むのが好きだった私が、今は何を読んだかも覚えていられない。音楽好きな私が、エイオルフとのお気に入りの音楽をかける気にもなれない。聴き慣れた初めの一小節を聴くだけで、喉に大きな塊がつかえるのを感じる。悲しみには、フィットネスジムのどのマシーンでも鍛えられない筋肉が必要だ。

一度は奮起して、友人の家での大きなパーティーに行ったけれど、結局、ダンスがはじまる前に帰る羽目になった。何か悪いことがあったわけじゃない。タンゴ愛好家の友人は、ゲスト皆のためにタンゴのちょっとした紹介のダンスレッスンを用意していた。かつての私なら、喜んで参加していただろうけど、今はくたびれ果てていた。死のショックで、私は深い井戸の底にいるみたいだった。無の感情が、蹴散らすことのできない大きくて重いブランケットみたいに、私に覆いかぶさっていた。テレビ討論は、政治についても社会問題についても、目的も意義も漠然として空虚に思えた。コメンテーターが意見をぶつけ合うお約束通りの展開は、三文芝居みたいだ。日々のささいな出来事は、次第に無意味なものと化していった。何もやる気が起きない。何にも心を動かされない。新聞の寄稿記事を書こうと思えるような出来事は、何もない。新聞の見出しだけを、ずっと読み続けるような毎日。文化的なことにも興味が湧かない。私の人生は枯れ果ててしまった。形容できず、追い払うこともできない混沌とした内なる不安が、私をひたすらむしばんでいく。

私は見えない鎧を着ているみたいだ。世界は、私そっちのけで進んでいく。

どこできのこを見つけた？

秘密の場所での気まぐれで予測不能なきのこの発見にまつわるおとぎ話は、きのこ界で何度も何度も繰り返される「おなじみのモチーフ」だ。これらの場所はランクづけされ、安全だとか豊かだとか、または不安定だとか、時にはだまされたとか言われるが、所在地は明かされておらず、いまだ明かされぬままだ。きのこ狩りの時、きのこは枝や草の下に上手に隠れんぼしているので、目と鼻の先にあっても、見つけるのは難しい。だからこそ、地形を余計に綿密に調べるべき場所では、適切なコーディネーターがいるとよい。そうでなければ、干し草の中から針を探すようなものだ。

　きのこが採れる秘密の場所は、全般かつ広域におよぶわけではなく、一本の特定の木の下など、特定の正確な地点であることが多い。たとえばアンズタケを見つけたいなら、葉っぱや針葉樹などの下ではなく、アンズタケの菌糸と共生する木そのものを見るべきだ。雨や気温や微気候〔地面近くの気層の気候。地表面の状態や植物群落などの影響を受けて、細かい気象の差が生じる〕や他の重要な変数が、ごく限られた状況下で作用した結果、求めていたきのこに出会える。きのこ狩人はそのため、きのこ狩りに出る前、なかなか解けない自然のルービック・キューブの多様な選択肢をおもんぱかる。雨が多すぎても、少なすぎてもいけない。暑すぎてもいけない。寒すぎてもいけない。特定の場所が確認されてからの、経過時間も考慮に入れるべきだ。変数は様々な角度から評価される。きのこがいつ生えてくるか予想するのは、占星術の鍛錬に似ている。他の天体に対する惑星、恒星の相対的位置が、百パーセント調和する時、奇跡が起きる。探していたきのこを見つけ、ビンゴで当たったような感覚になれるまでには長い道のりがある。秘密のきのこの場所に行っても、そこにきのこがあるという保証はない。

このようにきのこ愛好家は皆、エコノミストに似ている。期待した結果にならなかった場合、常に言い訳を見つけられる。いわゆるきのこの当たり年とハズレ年にも、同じことが言える。どうして初夏と晩夏の気温と雨の両方の要素が合わさると、豊作、凶作が決まるのかについての説は様々だ。

その年が「当たり年」かそうでないかは、ある程度、客観的に決めるられるべきだが、同時にそれは捉え方の問題でもある。きのこのかごを見て、半分空だと思うか、それとも半分は一杯になっていると捉えるか？　人生に不平を言うことに生きがいを感じる人は、壊れたレコードのようにきのこが少ししか見つからなかったと、延々と繰り返す。

それでもやはり秘密の場所があればあるほど、獲物を捕えるチャンスは増す。

秘密の場所についての知識には悲しいものもある。それは頻繁な森林伐採やブルドーザーで素晴らしい場所が破壊され整地されることだ。きのこシーズンのはじまりにはいつも、切断され、ばらばらになった木がソーシャルメディアにアップされる。きのこがよく採れたはずの場所が失われてしまったのだ。喪失を理解する者同士で失望を分かち合うのは、心理療法の一手段だ。きのこ界全体からため息がユニゾンで聞こえてきそうだ。

きのこ愛好家と関わったことがある人なら皆、彼らがかがみ、好奇心旺盛な手で、注意深くきのこを狩るのを見たことがあるだろう。その人はきのこを指でつまんでそっと光にかざし、観察する。きのこはそうっと上下にひっくり返され、傘の裏の部分は、重要な香りのテストの準備万端の鼻へとかざされる。その人はきのこの香りを吸いこみ、半ば震えている鼻孔を開こうと、顔をしかめる。他のきのこ愛好家と一緒にいて、誰かが珍しいきのこを見つけた場合、それらのきのこはさらに詳しく調べるために手から手へと回されるだろう。このプロセスはルーペを持って、またはルーペなしで繰り返される。その間きのこは調べられ、ひっくり返され、様々な方向に向けられる。これには時間がかかることもある。議論が重ねられ、グループのリーダーと思しき人物が答えを出す。その場で決断を下せない時は、調査を続けたい人が、きのこを家に持ち帰り、顕微鏡やその他の補助器具を使って、さらに詳しい識別作業を行う。これはきのこ好きの人が森で過ごす一日としてはごくありふれた風景なのだが、部外者の目にはこれらは全て、秘密の儀式のごとく映る。

誇らしげなきのこ狩人(ハンター)に冒険に満ちた発見について話をされた人が、きのこをどこで見つけたのか質問を返すのは珍しいことではない。このような質問は、様々な種類の反応を呼び起こす。大半のきのこ愛好家は、関連する位置情報はみじんも明かさずに、礼儀正しく答える術を習得している。けれども中には銀行のキャッシュカードの暗証番号を聞かれた時のように、拒絶反応を返す人もいる。ある時、私は友達だと思っていた人に、きのこをどこで見つけたのかを尋ねてみた。私はもちろん正確な位置まで教えてもらえるとは思っていなかったけれど、大体の位置情報は得られるだろうという一縷(いちる)の望みは抱いていた。ところが全く役に立たない、完璧に価値のない、「オスロ」という答えが返ってきた。そうして彼は、私の中のブラック・リストに載った。

一度寛大なきのこ仲間と散策に行った時、その友人はヤマドリタケ *Boletus edulis* のある場所に私を連れていってくれた。ヤマドリタケは非常に人気の高いきのこだ。食用きのこの世界の絶対的王者だと言う人さえいる。友人が見せてくれたのは、多くの人が日曜の散歩に行く場所だった。私の友人はいわゆる「厄介なきのこ倫理のジレンマ」と呼ぶべきものに、どういう態度をとればいいか私に話してくれた。数年前のある日、彼は小さな素敵なヤマドリタケを見つけたが、もう少し大きくなるまで置いておくことにした。小道から見えないように、乾いた葉っぱできのこを隠した。採るには小さすぎるきのこを雑多な森の有機物で隠しておいて、数日後に戻ってくるという戦略をとるのは、彼だけではない。熱心な人たちは、一度は見つけたきのこをそのままにしておいて、もっと大きくなった頃に採りに来ようと思ったことがあるはずだ。この戦略の要は、他の人に見つからない間に戻ってこられるかだ。一日か二日後、先ほどの友人が期待に胸を膨らませ、ヤマドリタケのある場所に戻った。するとみすぼらしい身なりのホームレスの男性が、きのこの上で寝そべっているのがあまり近づかないうちから見え、彼の心は沈んだ。熱狂的なきのこ狩人にとってこれほど悪い状況はないと思うかもしれないが、実際はもっとひどかった。男は完全に死んでいたのだ。しかもヤマドリタケの上で。どうしたらいい？　幸い私の友人は一秒たりとも迷わずに、きのこから見ても唯一の正しい行動に出た。警察に通報したのだ。

その日、友人と私はヤマドリタケをひとつも見つけられなかったが、その場所にヤマドリタケを探しに行く度、いつもそのホームレスのことを考える。

ヤマドリタケ
Boletus edulis

基本的には皆、きのこの採れる場所を秘密にしているものと考えておくとよい。そうすれば位置情報を手に入れられるのではないかと期待せずに済む。質問する人はわずかな躊躇いの空気を感じ、すぐに諦めることになる。きのこ愛好家はこの点については本当に敏感だ。この時には、グアンタナモ収容所の尋問法も通用しない。きのこをどこで見つけたか聞かれた時に、たとえば「ソーレムの森」〔オスロ市内にある森〕とか「オストマルカ」〔オスロから見て東にある森林地帯〕という風に、少し曖昧に、また「はぐらかすように」答えて、それ以上言わないのもよくあることだし、それは全く許される。場所について質問がされた時には、親切で礼儀正しいパ・ド・ドゥ、つまり身振り手振りを交えての小芝居をするのは普通だ。雨や気温といった一般的なきのこについての話を織り交ぜつつも、価値のある情報を渡さずに、対等に情報交換した振りをする。こうすることで答える方も尋ねる方も、役立つことを知ることができたと感じることができる。きのこの達人は、逃げる才能にも恵まれていなくてはならない。

ある日、きのこ仲間のひとりが秘密めいた調子で、ある場所でユキワリ *Calocybe gambosa* を見つけたと漏らした。そこは私たちふたりとも、知っている場所だった。

「カラ松の木の下で見たの?」と私は尋ねた。ユキワリはカラ松の木の近くに生えると知っていたから。

「いいえ、他の場所で見たの」とだけ彼女は言い、口をつぐんだ。それ以上言いたくないのだと分かったので、探りを入れるのはやめた。

きのこ初心者は誰かからきのこ狩りに行かないかと誘われると、自分はラッキーと早とちりしてしまうだろう。でも実は常にがっかりする可能性が潜んでいる。きのこ狩りに行こうという誘いは、秘密の場所を教えてあげるという誘いと同義ではない。

「どの辺を歩きましょうか?」

あるきのこ仲間は、私とオスロ公園に行った時、尋ねた。

急な斜面を登ったり、倒れた木の下をはいずり回ったり、濁流や急流に抗って横切ったりするまでもなく、都心でウォーキングをし、おいしい食用きのこを見つけることは可能だ。ここでは野生の美味しいマッシュルームを見つけることができる。広い公園は、地理的に分断された複数の区画に分かれている。私は彼女がまさにこの公園で、すごく面白いものをいつも見つけていると知っていたので、すごく期待していた。ところが彼女は一番面白い発見をした場所を私に教えようとは思っていないようだった。少なくともその日は。そうしたかったら、先陣を切って、たとえば「こっちよ」と言うはずだ。私たちは公園の片側のフェンスに沿って歩いたけれど、何も見つからなかった。私たちは少しがっかりして、反対側に回りこんだ。そこでも何も見つからなかった。そこで私は彼女に、ユキワリ——春一番のごちそう——が、しょっちゅう見つかる場所を見せてあげた。すると友人は、いつもシバフタケ *Marasmius oreades* ——十分においしい小さなきのこ——を見つけている場所を指差した。私たちは、言い換えるなら、季節外れのきのこについて、「役に立たない」情報を交換し、親しい友人と分け合うごちそうである振りをした。私たちは普段、町中できのこのかごを持ち歩くわけではないが、少々控え目な装備は携帯している。リュックサックの中には紙袋と小型のナイフ。これらの出番は今回もなかった。私たちは各自、手ぶらで家路についた。きのこの最良の隠し場所を明かすことなく、きのこを見つける目的で散策するのは、きのこ好きにとってのアートだ。

もしもきのこの最良の採取場所を共有する相手がいないなら、公共で得られる情報を探してみるといい。ウェブサイト artsobservations.no は、ノルウェーに生息する多様な種に関する知識バンクであり、ここには国内のきのこの種の観察記録もアーカイヴされている。サイト内の検索欄に興味のあるきのこの名前を入力し、運がよければ、自分の暮らす市で過去にそのきのこを発見した正確な位置情報を得ることができる。これは私が時々自分で利用してきて、よい結果を得てきたサービスだ。英語のサイトには、observation.org や inaturalist.org がある。

秘密のきのこの採取場所がないのであれば、手はじめにソーシャルメディアを覗いてみるのも悪くない。きのこに興味がある人向けのサイトで、私は実際、採取場所について多くのヒントを得てきた。このページの主たる目的は、大きな、または珍しい発見を報告すること。旬の初めなら、その年最初のトガリアミガサタケの発見。これは思わず瞳で星が輝くほどの、偉大な瞬間だ。「六月にサープスボルクでアンズタケを見つけた」という報告があれば、一、二週間もすればオスロでも見つかることが分かる。きのこの神がそれを望むのであれば。一年の終わりには、その年最後のキイロウスタケ *Craterellus tubaeformis* について知らせようと、半ば小競り合いになる。結果が出るのはクリスマスの頃だ。こんな風にソーシャルメディアは、国内の様々な場所での、季節ごとの豊作や不作を報告する、一種のバロメーターの役目も果たす。ソーシャルメディアの書き込みはまた、毎回、何も考えずにただ習慣からおなじみの場所に行くことのないように、新しいアイデアをくれる。海外サイトをチェックし続ければ、バーチャル上できのこシーズンを延長させ、一年中、きのこへの関心を育むことができる。

きのこ愛好家の中には、通常の秘密主義の文化に反意を示し、きのこのありかを積極的に他者と共有する原則の人もいる。このような水先案内人のおかげで、描きかけの海図を持って宝探しに出かけずに済む。こういったヒントをまずは体系的に記入していけば、だんだんに興味深いきのこの場所のインデックスファイルを構築できる。ただこういう人は、片手で数えられるほどしかいないという点は、断っておかなくてはならない。私は発見したきのこや素晴らしい自然の写真をほぼ毎日のようにアップしていたRの存在に気がついた。その後、私は現実世界でRと出会った。個人所有の島であるため、ごく限られた人しか知らない、オスロ市内の特別な場所を私に案内してくれることになった。きのこオタクとしての共通の趣味によって、それまでソーシャルメディアでしか関わりのなかった秘密のきのこのありかを見せてもらうに至った。それは初の経験だった。

よい場所を知るのは大いに役立つが、きのこの種によってはステディな「共生関係にある木」についての知識を広げることによっても、発見のチャンスが広がる。きのこの多くは、特定の木の種との共生関係またはいわゆる「菌根 *mykorrhiza*」によってその環境に生きている。それを知ったおかげでノルウェーの木の種にたいする私の知識は大きく伸びた。つまりあらゆる緑黄植物には、いわゆる植物が必要とする窒素の八〇パーセント以上をきのこが占める栄養分の交換関係があり、そのためこれらの相互作用が、土の上のあらゆる生命の基礎となっていると言っても過言ではない。アンズタケを見つけたければ、牧草地ではなく、松林を探すとよい。また草原も探すのに適した場所だ。牧草地では様々な種類のマッシュルームを見つけることに専念するべきだ。多くの人が夢みるヤマドリタケは、トウヒや松、カバノキ、もしくはオークの木の森で見つけることができる。森の年齢や土壌の状態、トポロジーの知識もあれば、役に立つ。きのこの中には、たとえばオウギタケ *Gomphidius roseus* とアミタケ *Suillus bovinus* のように互いに惹かれ合い、一方が見つかるともう一方も見つかる可能性の高いペアもいる。

他の人に秘密の場所を運よく見せてもらえても、その場所を二度と訪れないという暗黙のルールがきのこ仲間の間にあるのだと私は学んだ。信頼してきのこの狩り場を見せた相手がきちんと断りを入れずに、ひとりでそこに通いはじめるのは、大きな火種となりうる。きのこ界では、秘密のきのこのありかへのなわばり意識が特に強い。そのため、どこの馬の骨とも分からぬ者が、自分の「なわばり」できのこを狩ったと気づけば、強烈な感情も湧いてこよう。森の中の他の採取者のように、きのこ愛好家たちも秘密のきのこの採取場、彼らの「なわばり」に対し正当な所有権を持つとまで感じているのだ。「私のホロムイイチゴの場所」とか「私のアンズタケの場所」などというなわばり意識むき出しの言葉は、ごく当たり前に使われている。この習慣は、同じ場所で自分も採取する資格があるのだと思っている誰かと会わない限り問題はない。潜在的に緊迫した状況を避けるため、「ライバル」との無言の合意を感じることができ、全てをちょっとした対話で決められないのであれば、誰がどこからどこまでを採取するか線を引く。この問題は当事者二人が、所有権について、またきのこの森での果たし合いをどう解決できるか、暗黙の了解を共有していない時に起きる。暴力沙汰は聞かないが、実際にため息や嘆きやいら立ちで終わってしまうこともありうる。

そして秘密の場所が秘密の場所でなくなる悲しみは、多かれ少なかれ訪れる。

時はゆっくりと、でも確実に過ぎていく。私が休暇にきのこ狩りに行くようになった頃、新しい人生は少しずつ軌道に乗りはじめた。家という閉じた箱の中で悲しみに浸ってばかりいるのではなく、今を生きるきっかけとなった。きのこ狩りの仲間に入れてもらうことで、きのこ界の人たちと知り合うのもまた容易になった。全く新しい場所に出ていかなければ、街に何年もこもっていたことだろう。苔蒸した森への散歩で、ギョウジャニンニク、クサソテツ、ヒロテレフィウム・マクリマム（和名未詳　ムラサキベンケイソウ属の一種）、トウヒの新芽、ヤナギラン、コミヤマカタバミなど、他の有用植物を見つけるチャンスもまた増す。かつては森のありふれた植物だとか溝の端の雑草とか思っていたものも、新たな環境で新たな食体験をするきっかけとなった。新しいきのこを知り、新しいきのこの採取場所にやって来て、新しいきのこ仲間ができる度、私はこの環境に一層、適応していった。それを知らなければ、悲しみの暗いトンネルから抜け出すのはもっと遅くなっていただろう。

誰かを亡くした人の心にぽっかり穴が空いても不思議はない。緊密な関係を築き、日常を送ってきた誰かが亡くなった後は、一日のうちに空いた何時間もの穴を埋めなくてはならない。私にとっては、きのこの世界での旅が、この不意にできた穴を埋めるひとつの方法となった。森のいくつかをよく知るようになっても、きのこのかごと新たな知見のみを頼りに、ひとりでハイキングに行くには勇気が必要だった。お気に入りの場所に行くのは、昔なつかしいどこかへ戻っていくような感覚だ。私はどこに行くべきかきちんと知っていて、完全な初心者の時のように、手当たり次第に進んでいくことはなくなった。まるで、それぞれの森にある、特に詳しく調べるべき場所の、チェックリストがあるかのようだ。森での散歩には慰めの効果があった。アウトドア愛好家。私が？　同時に、私はよりノルウェー人らしくなったのだろうか？　分からないけれど、全ての状況が解放的でまた新鮮に感じられた。

夢

旬のシーズンにきのこの鑑定をするきのこ専門家など、きのこ界の特別専門家集団の仲間入りをするのが私の夢だ。私は彼らの知識レベルと、きのこ狩りをしたがる街の住民にアドバイスするのに余暇を費やす献身的な姿勢に感動した。エイオルフが亡くなってから初めて、自分の目標と方向が定まったような気がした。

特別専門家集団

初め私は愛好会に、明らかな階級差はないと思っていたが、しばらくすると見えないヒエラルキーに支配されていることが分かってきた。知識が尊ばれる組織は、専門性のレベルに応じ階層化が起きやすい。階層化の重要な指標は、きのこについての能力だ。正確な科学ではないが、見慣れないきのこの種を判断しなくてはならない時、誰に聞けばいいか皆が知っているようだった。知識が最も豊富で、有能と見なされるのは、新しく発見されたきのこに名前を付けられる人だ。

部外者から見ると、きのこの知識を育み、専門性により社会的威信を得られるこの環境は、カルトの一形式に思えるだろう。研究の世界では、新しい発見によって、学問の目的が常に変化するものだ。去年、真実だと思っていたことが、今も真実とは限らない。これにより有能さばかりが尊ばれるようになる。ピラミッドの頂点にはこの分野に長けていることの証――大学の学位を持つ菌類学者が君臨する。このゲームの新参者の私には、菌類学者とその下のグループ――きのこの専門家の境界性がどこにあるのか分からなかった。きのこの専門家の多くは、豊かな知識も経験も備えている。彼らのグループは年功序列だ。ここで適用されるのは、生物学的な年齢ではなく、いつ試験を受けたかに加え、きのこ鑑定士としてどれぐらい熱心に活動してきたかだった。これら年輩の権威者の中でも特別専門家集団の面々が、愛好会の役員の席を占めている。

きのこの種名が自分の名前にちなんで付けられた人たちは、別格だ。そういう人たちは片手で数えられるぐらいしかいないのだけれど。このような排他的な人間関係に属するのが、菌類学者だけでないと気づくと、面白くなってくる。きのこ狩人（ハンター）の（かっての）配偶者の名前がつけられているきのこの種もある。

きのこ狩りには関心があるけれど基礎能力に欠ける人たち――いわゆる日曜アンズタケ採取家が、愛好会の主たる情報提供先だ。ある人たちはきのこ熱にとりつかれ、愛好会を主催する講座やきのこ狩りに申しこむ。またある人たちは、リスクを伴うエクストリーム・スポーツのように危険な趣味にハマっているという態度をとる。そういう人たちは、自分たちは十分な能力を持っていると思い込んで、自分たちのきのこをきのこ鑑定士に見せたりしない。けれど、それをよく考えてみるべきだ。愛好会の統計によれば、二〇一六年の間に、鑑定を受けた中で一〇パーセントのかごに毒きのこが見つかったとされている。これらのかごから、命に関わる毒きのこが八十六本見つかった。きのこ狩人が言外のどの下位グループに属しているかは、かごの中に何が入っているかを聞けばいい。すると真実が明らかになる。

「きのこ界での信頼」を得る一番の近道は、珍しいきのこを見つけることだ。多くの鍛え抜かれたきのこ愛好家たちが、たとえば登頂の難易度で山をランクづけする登山家たちや、発見が非常に困難な鳥こそが一番素晴らしい鳥と考える鳥類学者のような他の分野の全てのオタクと同じような行動をとることが理由のひとつだ。このようなきのこ愛好家たちは、これまで一度も見つかっていないきのこや、めったに見つからず、それゆえ発見するのが極端に難しいきのこや、レッドリスト、つまりノルウェーで絶滅の危機にある種のリストに載っているきのこを珍重する。シーズンで初めてのトガリアミガサタケやポルチーニ茸を見つけることでも一定の「きのこ・クレドゥ（信用性）」を得られるが、これも一時的なものだ。知識カルトは運のよさを数に入れない。一年で最初で最大のアンズタケは、最もソーシャルメディア映えする。

愛好会のヒーローは、余暇に国のデータベースに自分たちの発見を登録することに骨を折る人たちだ。登録することで、どんな環境でその種がよく育ち、これらが各時代にどう変化してきたのか、種の広がりを一望できるのだ。これらの知識はノルウェーの自然保護に有用だ。オランダでは一九七〇年代、一平方キロメートルにつき三十七種ものきのこが発見された。二十年後には、同じ区域で十二種しか見つからなかった。汚染と森林伐採、地球温暖化など複数のことが変化の要因だと言われている。そのため登録は重要な作業だ。毎年、一番多く登録した人物が愛好会によって表彰される。タブロイド紙では時折、高速道路などの拡張の抑止力となる貴重なきのこについて読むことができる。この時、「責任を負っている」のは、まさにこの手の登録であることが多い。

きのこの友情

秘密の場所は、きのこ愛好家同士の友情に重要な役割を果たす。きのこのありかは、一番のきのこ仲間との間で分け合ったり、交換し合ったりするのに特に優れた贈り物だ。これは私が子どもの頃、マレーシアで集めていた日本製のカードを思い出させる。皆が欲しがる素敵なカードを必ず一杯持っている子がいた。休み時間には厳しい交渉の末、カードをやりとりする独特な「交換会」が行われていた。素敵なカードをプレゼントにもらうことは、永遠の友情の確かな証だった。同じように秘密のきのこのありかは、きのこ界の人間関係において、常に高いレートを示す通貨であり、秘密の場所を見せてもらうのは当然、あなたを信頼しているという明確な声明なのだ。

そのため私は、新たに知り合ったきのこ仲間から、多くの人がごちそうと見なすクラテレルス・ルテッセンス *Craterellus lutescens*（和名未詳　クロラッパタケの仲間）のありかについて教えようかと言われて、うれしくなった。場所を教えてあげようかと提案されたのは初めてだったので、私はいたく感動してしまった。秘密を分かち合うことで、より緊密な友情で結ばれる。知り合いから、たちまちよいきのこ仲間になれるのだ。文化人類学者マルセル・モースの小編、『贈与論』は社会科学の古典だ。これは様々なグループ間の贈与が、相互関係にどう影響するかに焦点を当てている。よい関係を築く人たちは互いに贈り物を贈り合い、いわゆる鶏か卵かの論理で、贈り物は贈り手と受け取り手を良好な関係でつなぐため、よい関係性を築くのに役立つ。モースによれば、与えること、受け取ることは大事だが、さらに大事なのは返すことだ。お返しこそが人と人とをつなぐ接着剤の役割を果たす。毎年、クリスマスプレゼントを与え、もらう人は皆、その原則をよく理解している。

私の友人のひとりが、ユキワリの生える場所を見せると言ってくれた時のことが記憶に残っている。初めてユキワリを見つけた年、私が目にしたのはたったの三本だった。三人できのこ狩りに行ったので、そのきのこをひとりひとつずつ狩った。ユキワリはシーズンのはじまりに鳴るファンファーレだ。雪が消え、日がいよいよ長く、明るくなりはじめる時期、きのこのかごから埃を払い、他のきのこがほんの少ししかない一年の一時期に、きのこ狩りに出かける。そのため愛好会は毎年、ユキワリ狩りを催す。大抵はホーヴェード島〔オスロ沿岸近くにある小さな島〕かブグドイ〔オスロの西にある半島〕のコンゲスコーゲン（王の森）に行く。きのこがいつやって来るか的中させるのは容易ではないが、そんなことはユキワリ狩りの計画者は毎年、経験している。昔はオスロでは、五月の下旬か、もしくは多くの場合、六月になるまで、きのこは見つからなかったとベテラン会員が話してくれた。きのこシーズンの訪れが早まったのは、気候変動にもよるのかもしれない。なので将来、四月二十三日の聖ジョージの日にユキワリを見つけられるようになるのも、あながちありえない話ではない。英語でユキワリは‘St George's Mushroom’という。これはブリテン諸島でユキワリが、聖ジョージの日の頃にはすでに顔を出すことに由来する。ユキワリはクリーム色の傘とひだと柄を持つ、ずんぐりしていて肉厚なきのこだ。湿った小麦粉みたいに強烈な臭いがすると言う人もいるが、他方でワッフルの生地の匂いがすると言う人も多い。このことからユキワリの匂いは、簡単に言い表したり、よい表現を見つけたりはできないものだと分かる。ユキワリはオスロフィヨルドの周辺ならどこにでも生えるが、数種の毒きのこと見分けがつきにくいので、初心者向けのきのことは言えない。春きのこの興味深い特徴は、多くがいわゆる分解者、つまり地中深くに埋まったまつかさ、小枝、大枝を土台にして生えることである。ユキワリはハーブの混じる草原に生えるが、落葉樹の森や溝の端で見つけることもできる。ユキワリが円状に生えたり、大きな群生(コロニー)が見られたりするのは珍しいことではない。それらは翌年になるとまた生えてくるので、昨年生えた場所が分かれば、次のシーズンでも同じ場所でその種が生えてくるのは、多かれ少なかれ確実だ。だから私は友人からの申し出に小躍りした。

きのこ専門家の試験に受かる鍵となるのは、実践的な知識だ。だけど愛好会の新参者の私には、きのこ狩りに一緒に行く相手がいなかった。試験に受かるには、できるだけ頻繁に、ベテランのきのこ専門家ときのこ狩りに行く必要があるのは分かっていた。

そこで先手を打ち、きのこ料理をひとり一品持ち寄るきのこ晩餐会を開くことにした。私は愛好会のFacebookページで皆を招待した。誘いに乗ってくる冒険心旺盛な人たちも数名いた。テーブルを囲み、駆け足で自己紹介をすると、自分たちは雑多な集まりなのだと分かった。おいしい食事は十分にあった。燻製にしたトナカイの心臓・白トリュフを混ぜたキャビア添え、きのこのタルト、きのこパン、シェリー酒と味噌で味つけしたきのこのパテ、ポルチーニのラビオリ・ポルチーニソース添え、トナカイのカルパッチョ・アンズタケソース、ポルトベロマッシュルーム・シェーブル

環のように生えるベニテングタケ
Amanita muscaria

チーズ詰め、アンズタケのビネグレットとグリーンサラダ、ミキイロウスタケのマーマレードとブルーチーズ、そしてデザートにはきのこを散らしたアーモンドタルト。

熱心なきのこ愛好家たちが、重くぐっしょりした雪の降り積もる二月の寒い冬の日に集まれば、彼らが共通して情熱を傾けている事柄がもちろん話題にのぼる。シーズンのはじまりをまだかまだかと待ち焦がれる気持ちが抑えきれない。落ち着きを失い、これまで採ってきたきのこやこれから採りたいきのこの話をする。しばらく森に行けない時、体の奥底から湧き上がるのは、渇望だ。声や話し方からそれが聞き取れる。本物のきのこ愛好家が決して断ち切れないのは、憧れときのこに焦がれる気持ちだ。訪れるのが分かっているその幸福な時間を、彼らは楽しみにする。そして特に真剣な人にとって、シーズンはすでに五月の半ばにはじまっている。愛好会の高齢者にとって、それは健康保険がついてくる趣味みたいなものだ。どこか遠くで面白そうなものが目に入ると、きのこを見つけたいという渇望を抑えきれなくなり、森へ繰り出し、きのこを採ろうと老体にむち打って、かがみこむ。きのこは体と魂の栄養になる。ヘッドランプと冬服とあふれ出る衝動でもってシーズンを延長しようと、そこここを覆う雪の中で今年最後のミキイロウスタケを探す人たち。そう言う私も、クリスマス・イヴの前日にミキイロウスタケを採取した。

私の現在の親友の大半は、私が試験前の冬に計画したきのこディナーに来てくれた人たちだ。

ある時、新しいきのこ仲間のひとりが、私と別のきのこ初心者を公園に連れて行ってくれ、そこで皆でマッシュルームをいくつか見つけた。私はきのこを見つけたことに大喜びし、お金持ちになったような気持ちになり、頭がくらくらした。私はマッシュルーム種についてもっとよく知りたいと、長らく願ってきた。私たちは食べられるものも食べられないものも含め、複数のマッシュルーム種を発見した。その日に見つかった食べられるきのこの中に、アガリクス・アウグストゥスはなかったけれど、それでも私は喜んでいた。翌年きのこ仲間と私は、同じ場所へ舞い戻った。友人は今回、彼がアガリクス・アウグストゥスをいつも見つける別の場所に私を連れていってくれた。その時はシーズンがはじまったばかりで、地面は少し乾いていたため、友人は私にこれらのアガリクス・アウグストゥスが生えてくる場所に水を撒くのを手伝うよう言ってきた。彼は私にじょうろがどこに掛かっているか、行ったり来たりしてどうやって適度に水やりするのか方法を教えてくれた。アガリクス・アウグストゥスのためにそこで彼が水撒きをしたのは、それが初めてでないのは明らかだった。この小さなエピソードから私は、きのこの場所の共有は段階的に行われるのだと学んだ。たとえ誰かがある人に秘密の場所を教えてくれたとしても、実際の金貨のありかを教えてもらったとは限らないのだ。友情を保っていれば、ふとある日、同じ地域のよりよい場所を私と共有したいと思ってくれるかもしれない。

私はやがて、きのこに水をあげる友人の習慣が長年のものだと気づいた。おいしいものが見つかることと、それが早く育つかどうかは別問題だ。いつだか思い出せないほど昔、私の友人はユキワリを若い女性にどうしても見せたかった。彼女はユキワリを採ったことがなかったのだ。またその頃、しばらく雨が降っていなかった。なので彼は森で小さなきのこをいくつか見つけた時は、叫び出しそうなぐらい大喜びした——でも、彼女が週末、訪ねてくる時までに、きのこは十分な大きさに生長するだろうか？　私の友人は意気揚々と仕事に着手した。気象学者の言うことや天気を根拠に楽観視することは、あえてしなかった。その代わりに彼は車にバケツを乗せて、森へ走っていくと、女性が訪ねてくる時には大きく立派になるようユキワリに水をあげた。これはとても幸せなエンディングの話。きのこへの水やりは、ウエディング・ベルをもたらした。

　きのこ界に身を置くようになってしばらくすると私は、ベテランのきのこ収集家ともなると発見したきのこの種類や時間、場所についての情報が事細かく記された表が頭に刻みこまれていることに気づいた。ある人はたとえば、「このきのこは一九八六年に見つけたものだ」とか、「このきのこはＸとＹの間に生えていた」とかというように、信じられないほど正確な情報を覚えていることもある。そしてこの手の情報は、多くの場合、かなり自信をもって伝えられるものだ。記憶についての研究の主な結論によれば、まさに記憶とは信用できないものであって、すぐさま影響を受け、それゆえしょっちゅう記憶違いが起きるという。私たちは自分がしとめた獲物の大きさをあからさまに誇張する狩人（ハンター）や釣り好きに、愛想笑いを浮かべる。きのこ狩りをする人たちも、彼たちと同じ誇張癖を患っていないと、胸を張って言えるだろうか？　最高のきのこを発見した私たちの記憶が、疑わしいということはないのだろうか？　発見したヤマドリタケが大きく、美しいことと、発見年、場所などの詳しい記憶が正確かどうかは、また別問題だ。一部のベテランの人たちはどのような根拠でこれらの詳細が正しいと確信しているんだろう？

　ある日、私はその答えのひとつに偶然出くわした。その時、自分がしばらく探してきたけれど、決して見つかることのなかったきのこの種の近くにどうやらいるらしいと分かって、ぞくぞくした。自分が見つけたものが何なのか、即座に理解した。私は菌類学の知識カルトとしての階段をひとつ上ったのだ。全てがスピリチュアルとさえ感じた。初めてアガリクス・アウグストゥスを見つけたのは、その日だった。私はひとりで、ちょっとしたパニック状態に陥っていた。どうしたらできるだけ早く、この発見を立証できるのだろう？　大きなものも小さなものも、数え切れないほど生えていて、私は息を吸うのも忘れてしまいそうになった。身に余る誉れを賜ったように感じた。クリームが詰まったスコーレボッレンという丸パンからクリームだけをすくって食べ、あとは残していいですよ、と言われた時のように。この時まで私は野生のアガリクス・アウグストゥスを見たことがなかったが、そのきのこは非常に特別なものだったので、私は今回の自分の発見について、かなりの確信を持っていた。

アガリクス・アウグストゥスはかなり大きくなり、直径最大二十五センチにまで生長することがある。比較的、重みがある。私が発見した中で一番重かったもので、三百グラムもあった。アガリクス・アウグストゥスには鱗状といわれている茶色い傘と、白い柄が備わっていた。その柄の部分を切り刻むと、堅さと同時にシルクのような柔らかさも感じた。長年、私が使ってきた通勤ルートからそう遠くないところに生えていたと思うと、奇妙に感じる。きのこは、近くにあったのにその存在を知らないうちは、遠い存在だった。アガリクス・アウグストゥスがウジ虫に襲われることはめったにない。思うに、このきのこの最大の特徴は、香りではないだろうか。ビターアーモンドみたいな香ばしさだ。ビターアーモンドの香りを知らない人は、アマレットの味と香りを思い浮かべてみればよい。アマレットとは、まさしくこのビターアーモンドから作るリキュールだ。私は今でも、偶然行き当たった場所でアガリクス・アウグストゥスを初めて見つけた時、酔いしれるような幸せな感情が湧き立ったのをはっきり思い出せる。この驚きと喜びに満ちた体験は、近くにどんな木があり、その場所はどのくらいの傾斜の坂だったのか、木々の間にどんな風に日光が射していたのかといった記憶を呼び起こし、人の記憶にこびりつく。

科学者たちはこのようなフラッシュバルブ記憶〔感情が強く喚起される重大出来事を知った時の周りの状況についての鮮明で比較的永久的な記憶〕を、非常に正確な記憶としている。それはまるで高解像度で一瞬を捉えたシャープな写真に収められたかのようだ。そういう記憶を呼び覚ますのは、ショッキングなニュースであることが多い。ベルリンの壁が崩れたとか、ワールド・トレード・センターに飛行機が突っこんだとか。研究者の中には、フラッシュバルブ記憶はその人にとって感情が揺り動かされるような情景と結びついているため、誤りがないと言う人もいる。きのこを発見した時のことを非常に壮観な3Dで覚えていられる人がいるのは、短期記憶のメカニズムのなせる技なのだろうか？　いずれにしても、きのこ依存症になるように私の運命を決定づけたのは、まさにトップクラスの貴重なきのこ、アガリクス・アウグストゥスがある秘密の場所を見つけたことなのかもしれない。

そのため、私だけの場所をすぐに失うのは、大変な苦痛だった。私はアガリクス・アウグストゥスのありかを二人にしか教えなかった。そのうちのひとりは自分が大事にしてきた秘密の場所の多くを私に教えてくれた、信頼できるきのこ仲間。秘密の場所をどれぐらい分け合うかは、私次第というひどく不平等なきのこの友情で、お返しができてよかった。ふたり目はきのこには関心はないけれど、私がアガリクス・アウグストゥスを運ぶのに助けが必要になった時、運転手を引き受けてくれた私のよき友人Jだ。他の多くの人たちも乗る公共交通機関なんて使えないほど、初めてたくさんのきのこを見つけた時のことだった。残念なことにJはその直後、たまたま雑談した相手に、私の秘密の場所を明かしてしまったという。それを聞いた時は、耳を疑った。泣き出しそうになるほど、辛い出来事だった。そんな馬鹿な過ちを犯す人がいるとは、私には信じられなかった。Jはことの重大さを理解していなかったのかもしれない。その場所は彼にとっては価値がないけれど、私にとっては金塊のような価値があった。とにもかくにもその場所だけが、「私だけの」場所だったのに。その「裏切り」に私は憤慨していたが、同時に自分がきのこ人に急速に染まってしまったことも自覚していた。もちろん、この世界の人たちが秘密主義であることは耳にしていたが、そのことについてあまり考えていなかった。それは私自身に秘密の場所ができる前のことだったから。水に少しずつ熱を加えていくと、中に入っているカエルは、ゆであがるまで水温が上がってきていることに気づかないという有名な実験にちょっと似ている。私は一緒にきのこ狩りに出かける他の皆に負けず劣らず、きのこに魅了されつつあったのだろうか？　私はみっともないオタクに変貌したのだろうか？　いつの間にか、きのこ狂に。

きのこにはまったことはまず、一番近い家族に気づかれるものだ。この〝きのこやもめ〟たちがきのこ狂となった伴侶に究極の選択を突きつけるであろうことは容易に想像がつく。自分ときのことどっちが大事か、と。放っておかれた方の妻または夫から見れば、きのこ狩りにはあまりに多くの時間もお金も収納スペースも必要だ。他方で、きのこ狂を好意的に受け入れ、励ます伴侶もいる。そういう人たちは、パートナーのきのこ熱を寛容に受け入れるだけでなく、尊重もする。このような家族は、オリンピック選手の応援団のような心積もりでいるようだ。きのこ狂を車で送り、迎え

アガリクス・アウグストゥス
Agaricus augustus

に行き、きのこの土を払い、食べ、海外でのきのこ狩りツアーに上機嫌で意欲的に同行する。しかもきのこ狂が大好きな国際的なきのこフェスティバルのキャップやバッジやTシャツを着て現れることも多い。中にはきのこ専門家の試験を自ら受ける人までいる。

心のアーカイヴに私が残しておいた場所の大半は、オスロとその郊外の実に様々な場所を知る、愛好会の年長者のひとりから教えてもらった。その人は特定の場所の状況を確認するために、さらに数キロ車を走らせるのを迷ったりはしなかった。そしてそこまで来ると、近くの別の場所がどうなっているのかをいそいそと調べに行く。このようにして、「小さなきのこの旅」は、長い探検の旅へと変わる。この特別な友人は、万が一の時に備えて、車に常にかごをいくつかと他のきのこ狩りの道具を積んでいる。

一緒に何度もきのこ狩りに行った末、私たちは効率的な役割分担の仕方を編み出した。友人がゆっくり車を走らせる役、私が目を光らせる役だ。面白そうなものを見つけると、友人に止まるよう伝える。きのこ狩りをしながらのドライブと言ってもいいかもしれない。本当に止まるだけの価値があるものか確かめるため走り出して見に行くのが、私の任務とも言える。「菌類学的に見ると、あまり面白くないきのこ」を採るのも、私の役目だ。採るのは大抵、アンズタケとかその類の普通の食用きのこだ。私のそのきのこ仲間は、年々、腰痛を抱えるようになってきている。なので友人はいつも、第一に写真を撮るため、続いて採取をするために、かがむ労力を使うほどの価値があるものか見定めようという目できのこを見る。彼にしてみればその逆で、きのこが彼の元へやって来るのが好ましいのだろう。彼がかすかに幸せそうに笑う時は、いつも面白いものが見つかったんだな、と分かる。

この友人には、もう亡くなった、かつてのきのこ兄弟から譲り受けた、とある特別な場所がある。そう友人自身が何度も私に話してくれた。幾度もきのこ狩りをともにしたある日、友人が「見せたい場所があるから行こう」と誘ってきた。私は初めあまり深く考えなかったのだが、その場所にやって来ると、友人はぽつりと言った、「ここは本当に大切な人以外には見せてはダメだよ」と。これまで多くの場所を見せてもらったけれど、今までそんなこと言われたことはなかった。その時私は、伝説の場所にいるのだと理解し、名誉を授けられたような、またとても幸運になったような、両方の気分を味わった。

きのこ専門家の試験——きのこ愛好家の通過儀礼

ここノルウェーのきのこ専門家養成課程は、一九五二年にはじまった。コースを修了した一年後に、試験を受けるよう勧められるのだが、それは必要な知識が本当にきちんと定着していて、詰めこみ勉強で一時的に頭に入っているだけではないことを確かめるためだ。きのこ専門家の試験に受かった卒業候補者は、愛好会のきのこ鑑定会で、より経験豊かなきのこ専門家のアシスタントができる。これは教育プログラムとしても、きのこ検定としても、国際的に類を見ない制度だ。この資格制度について知ってから、人々の命と健康に責任を自ら負おうとするきのこ専門家を私は格段に尊敬するようになった。

ノルウェーで知られている愛好会のきのこ鑑定のように、官公庁のホームページで触れられるほど組織化されているきのこ検定は、スウェーデンにもデンマークにも類を見ない。北欧を出れば、より一層自由放任主義な姿勢がとられる。フランスでは、きのこについて学ぶことは薬学部のカリキュラムに組みこまれていたので、かつては薬局に行けばきのこ鑑定をしてもらえた。でも残念ながら現在は薬局に行ったからといって、なんとかなるわけではない。フランスできのこ狩りをした人が薬局に行ったら、すぐさま、きのこを全て捨てるよう忠告されるだろう。地中海沿岸諸国のきのこ愛好家の集いで私が話したフランス人たちは、ノルウェーのきのこ専門家の試験について興味津々で、話を聞いてきた。私たちの国にあるきちんと組織化されたきのこ専門家養成コースと試験制度は、他の多くの国の人たちの羨望の的だ。

私は試験会場に足を踏み入れたその時のことを、はっきりと覚えている。一方の壁際に、授業のテーマであるきのこがビュッフェ状に紙皿の上にずらりと並べられ、私を出迎えた。それらを試験官が決めた順番でひとつひとつ何の種類か識別しなくてはならなかった。試験はまず何よりも、実践的だった。普通は皿一枚につき一種乗っていたが、時折、同じ皿に似た種がふたつ混ざって置かれていることもあった——たとえば偽（にせ）のアンズタケと普通のアンズタケとか、ズキンタケとミキイロウスタケなど。このようにするのは受験者を罠にはめるためではなく、きのこ鑑定の際、実際に起こりうる状況にどう対処するか見定めるためだと試験委員は説明した。

私は試験会場の真ん中の、長机の端っこに座っていた。部屋の向こう端に、試験監督として愛好会の理事長が座っていた。外部試験官は石のような形相で、一言も発することなく、私たちの間に座っていた。ビュッフェと私の間を素早く行ったり来たりし、私にベルトコンベアのように試験のきのこを手渡してきたのは試験官のうちのひとりだった。皆、深く集中していた。試験は速いテンポで進める必要があった。おしゃべりをする余裕など全くなかった。私はそれ以前に、三人全員と会ったことがあったけれど、三人のボディーランゲージは、ここは正式で少々お堅い場所なのだという点を強調していた。

それに試験は信じられないぐらいあっという間に進んだように思えた。私は自分の前に並べられたきのこにはどれも見覚えがあったけれど、それでも習った通り、たっぷりと時間をかけて、それらを調べ、向きを変え、くるりと回転させ、匂いを嗅いだ。廊下で少し待つと、呼ばれ、結果を聞かされた。私は試験に受かったのだ。これできのこ専門家の仲間入りだ！　周りの人たちはほほ笑んでいた。私はとてもフォーマルな握手を交わした後、免状をもらった。免状を受け取る時に、お辞儀しそうになった。初心者コースの時からずっと噂に聞いていた通過儀礼を無事通過できたことに感極まったのだ。初心者コースにいた頃は、百五十種の重要なきのこをマスターするなんて考えられなかった。けれども、今は私も特別専門家集団の一員だ。

エイオルフがいたら、私のことを誇りに思ってくれただろう。

首元にきのこ専門家のバッジを下げた私は今では、見つけたきのこに自信を持てない人たちのため、きのこを鑑定してあげられるのだ。これで私は他人の命を救うのに一役買える！　それに今後は、きのこシーズンのはじまりに愛好会の特別専門家集団が集まる第一回会合と、シーズンの終わりに同じく集まる合評会に参加する資格も得た。この会議ではその年、厳しい審査をくぐり抜け、きのこ専門家になった試験合格者も紹介される。通常これらの会議では、きのこオタクだけがありがたがるような講演も用意されている。三十年もの間、幅一ミリほどのごく小さなシバフタケを採ってきたという専門家の長い話に、参加者全員が聞き惚れた。アカチシオタケ、コウバイタケ、キツネノロウソク、チシオタケのような名前が飛び出すと、講演は詩の朗読会のような盛り上がりを見せる。私はまるでインスタレーションアートに参加しているかのような気分になった。

あるきのこ仲間は、私がこんなに早く試験を受けるのを快く思わなかった。彼女の主張によれば、きのこ学はゆっくりと段階的に習得していく学問だ。明らかに受かりそうな人でさえも、きのこ専門家コースを修了して一年は経たないと試験を受けてはならないと思い込んでいるのは、おそらくこのためだろう。私もそう思っていた。しかし後に私は、誰でも受けたいと思った時に受験できることを知った。四十時間のきのこ専門家コースでさえ必須ではない。試験の受験時期について誤った噂が広がったのは、ひょっとしたら、きのこの知識とは時間をかけて体得する必要があるという点を強調したがる人が多いせいだろうか？　私が試験に受かっても、友人の意見は変わらなかった。受かったと聞いてもなお、まだ受けるのは待つべきだったと言うのだ。

無慈悲な悲しみのプロセス

住民登録番号制度などの記録上、今の私は既婚者でも未婚者でもない、独自のカテゴリーに属している——それは寡婦／寡夫だ。このいわば寡婦／寡夫クラブに属する私たちが、社会の中で目立つことはないが、同じ車種のオーナー同士がひそかに仲間意識を感じるのと同じように、穏やかな連帯感で結ばれている同志を見つけると、会釈し合う。

私はフランシスコ・イェルペン〔オスロの住民に健康相談を提供し、孤独や麻薬から守る活動を行う非営利団体〕のヒーリング・グループの会議に仕方なく参加した。誰かから温かくも薦められたのだった。私は同じグループのいわゆる「若くしてパートナーに先立たれた」人を見渡した。大半は、私とおおむね同時期にパートナーを失った女性だった。新婚ほやほやだった人もいれば、長く関係を築いてきた人もいたし、またまだ手のかかる小さな子どもを抱えている人もいた。このヒーリング・グループで過ごすつかの間の時が、悲しみを吐露できる唯一の時のようだった。理解ある雇用者に恵まれている人もいれば、そうでない人もいた。パートナーを亡くした悲しみに加え、家族との軋轢に苦しんでいる気の毒な人もいた。

陽気な会では全くもってなかった。未亡人学校の初日は、こんな調子だった。果たして自分に合っているのか、確信が持てなかった。でもエイオルフのことを泣き出さずに話せるようになるまでは、支援が必要という結論に至った。ささいなことがあったり、ちょっと何かを考えたりしただけで、すぐに涙があふれた。一体どこからこんなに出てくるのか不思議なくらいに、

「ヒーリング・グループ」は、フランシスコ・イェルペンが長く取り組んできた事業だった。そのため、つべこべ言わずに、黙って参加することにした。

グループの利点のひとつは、ありのままの自分でいられるところ。別の自分を演じる必要はない。このヒーリング・グループのもうひとつの効能は、心ゆくまで悲しんでいてもいいのだ、と安心できるところ。これはオープンなグループであるということ、つまり、新たな参加者が時折、加わるということだ。愛する人を亡くしたばかりの人が喪失について話すのを聞くと、いつも心が痛む。特に印象的だったのは、ただただ目を伏せるばかりで、言葉が一切出てこない女性の姿だ。何も言わなくても、誰しもが彼女の思いを感じ取ることができた。私はと言えば、エイオルフが亡くなった時私を縛りつけた激情が、突如よみがえってきたのだった。ところが同時に、この過酷な悲しみのプロセスの「今どの辺りを」進んでいるのかが、徐々に明るみになってきた。自分が進んできた急な坂道を振り返ることも、目の前の道を見上げることも可能だった。大半の人にとって、ヒーリング・グループの最大の効用はここなのだろう。

喪失とは、硬くて冷たい漆喰の壁みたいなものだ。投げ飛ばされて、壁にぶつかると全身が痛む。グループの人たちは皆、頻繁に病院に通っていた。悲しみにより、自己免疫機能が弱まるのは事実だ。私たちは頭の中をせわしなく飛び跳ね、走り回る心の猿（いわゆるモンキー・マインドというもの）に皆、苦しんでいた。瞑想を試みる人もいれば、療養地に行ったり、旅に出たりする人もいた。皆、絶望し、喪失を埋める方法を見つけるのに、多くのエネルギーと財源を費やしていた。でも結局は人生を一新する魔法の呪文などありはしないと思い知らされるだけだ。

自らの意志で、悲しまないようにすることはできないものだろうか？　悲しみは一切味わわずに、ただただ幸福でいることは。

今の私にはひとつ、確信していることがある。このいわゆる悲しみの階段は一段、一段まっすぐに上っていけばいいわけじゃない。パターンは複雑で、不安定なところばかりだ。悲しみに打ちひしがれていた状態から、無の心境に至るまでの道筋をあらかじめまっすぐに示す道しるべなどありはしない。曲がりくねったその道で前進を遂げられるかどうかは、あなたでなく、悲しみ次第だ。ひとつ、はっきりしているのは、死に万全に備えている人などいないということだ。予兆があろうが、なかろうが、予想もしなかった力がヒーリング・グループにいる皆に死を突きつけたのだ。

「何かできることがあれば、遠慮せず電話して」といろいろな人が言ってくれた。

厄介なのは、何が必要か、自分でも見当がつかないところだ。どうしたら悲しんでいる人のよき支援者となれるのか、決まった答えはもちろんない。私の場合、エイオルフが亡くなってからというもの、友人や知人との関係性が変わってしまった。花崗岩の山みたいに、いつもそばにいてくれると思っていた人が、全く姿を現さないこともあれば、それまであまり近しくなかった友が、疲れを知らず、思慮深い助けの手を差し伸べてくれることもあった。そういう友達は、悲しむ私を見放すことなく私のテンポに合わせ、見守ってくれた。ほんのつかの間でも、そのことは私の心を癒やし、温めてくれた。信頼できるクリエイティブな友人Uなどは、夕飯の材料が全て入った買い物袋を提げ、仕事が終わるとすぐに私を訪ねてきてくれた。私はキッチンのテーブルで、ただ座って、Uが食事をこしらえるのを眺めていた。悲しむのにも、栄養がいる。

会う人会う人、「元気？（Hvordan går det?）」と聞いてきた。たわいのない会話や私の心の大部分を占めるものの話のきっかけとなる、思いやり深い短い三語。後に私は、他の多くの人と同じく、自分が何より必要としていたのは、喪失を認めてもらうことだったと気がついた。腫れものに触るようにされると、逆効果だった。天気や風などエイオルフ以外の話をされても、大した慰めにはならなかった。別の話ばかりされて、私の苦しみなどどうでもいいんだ、と感じたことも実際にあった。金言など必要ない。私が今、どういう状況にあるか、ただただ見守ってほしかった。全く必要ないのは、自分の気持ちを隠さなくてはならない状況だった。死を恐れるあまり、話題に触れないようにするしかできない人もいると分かってはいたけれど、そういう恐怖が私自身の抱える悲しみより深刻とは思えない。悲しんでいる人たちは、ことを収め、悲しみを鎮めるのに助けが必要だ。才能ある支援者の中には、その両方ができる人もわずかながらいる。私が悲しみのプロセスの中で、どの辺りにいるのかを分かってくれた人は、片手で数えられるぐらいしかいなかった。だから同じような悲しみの中にいる人のグループに加わるのは、よいことだった。

周りからの共感や理解の欠如は、このグループで毎回出る話題だった。私の被害妄想だろうか、それとも友人や知人たちから、実際に、感染力の高いペストにかかったかのごとく私は避けられていたのだろうか？　何と声をかければよいか、分からなかったから？　それとも死を恐れて？　悲しみには触れづらいからだろうか？　私がエイオルフの話をして、反応してもらえないと、裏切られたとか、敬遠されているんだと感じた――エイオルフの短い生涯を軽視し、私の痛みから目を背けようとしているのだと。それに私たちがかつてと同じように夫婦であるのを否定されたような気分にもなった。私たち夫婦が暗黙の了解で、なかったものとされてしまったと。

一年目、私はフランシスコ・イェルペンの万霊節の行事に参加した。年齢も、性別もその他見た目で分かる特徴もばらばらな人が大勢いることに、驚いた。参加者の誰かに道で会っても、彼らが悲しみに襲われ、舵（かじ）を失い、この世界にひとりぼっちで投げ出されたことに誰も気づかないだろう。悲しみはヴェールをかぶると、個人的なもの――孤独と化す。万霊祭は簡素かつ効果的だった。儀式をはじめた時、ホールは真っ暗だったけれど、それぞれが亡くした人のために蠟燭の火を灯すと、部屋全体が美しい光で照らされた。ホールの四方を照らすだけでなく、私たちの心の明かりも灯された。それでもなお、儀式を終える際、ホールを満たしていた悲しみの重さを思わずにはいられなかった。それらの悲しみが、いかに私たちの周りの社会で、見て見ぬ振りをされているのかも。

これとは正反対に、マレーシアでは、死後の儀式がたくさんある。たとえば亡くなってから七週間、七日後や、それに七の倍数は特別な日とされる。そして百日後が、一周忌とされる。私はこれの「ライト」バージョンを選択し、エイオルフが亡くなった百日目に、遺灰を土に埋め、その日を一周忌とした。一周忌の行事に大勢の人が来てくれ、私は驚くと同時に慰められた。皆が来てくれたのは、私のためだけでなく、ひとりひとりがそれぞれの流儀で、今でもエイオルフの死を悼んでいるからだと思った。私はかつて皆が沈黙していたような法事の場が、今ではソーシャルメディアによって感情を吐露できる場になっていることに気がついた。世界が進歩するのは、素晴らしいことだ。

小文字の'e'ではじまるenke（未亡人）

きのこ狩りで複数の人から秘密の場所を教えてもらった私は、そろそろそれらの新しい友人たちをディナーに招待してみようかと考えた。友人たちとテーブルを囲んでいた私は、考えてみれば新しいきのこ仲間をエイオルフは知らないのだ、とはっとした。これらの新しいディナー仲間にとって私は、エイオルフとの共通の旧友とは違い、エイオルフを失った大文字の'E'のつくEnke（未亡人）ではなかった。大人になってからずっとエイオルフに私の人生の後見人となってもらうことに慣れていた私にとって、これは奇妙な発見だった。人生の後見人だったエイオルフに私は、さまざまな物事をいちいち説明する必要はなかった。ふたりの間でしか分からない事柄で他の人にとって価値のない物事を説明する必要はなかった。人は人生の後見人を失うことで、自分の一部をも失うのだ。

その時、私は新たな人生の一章が形を帯びはじめているのに気がついた。

きのこへの疑念

エイオルフと出会ったのは、私が交換留学生としてマレーシアからノルウェーのスタヴァンゲル市にやって来た翌月、近所で開かれたパーティーでだった。太くて暗いブロンドの髪を少し伸ばしていた彼は、とても優しかった。マレーシアがどこにあるのか、調べないでも分かるノルウェー人と出会ったのは、それが初めてだった。エイオルフは好奇心旺盛な人で、機知に富んだ質問を一杯してきた。私たちはずっと話し続けた。そしてその会話は、彼が生きている間、途絶えることはなかった。私はいつも学校帰りに図書館に寄っていた。そんなある日、彼と偶然図書館で再会した。それからというもの私は、以前より頻繁に図書館に足を運び、館内を歩いて回るようになった。エイオルフも同じだったそうだ。こんな風にして、私たちの関係は、よくあるラブ・コメディーみたいに書架の間ではじまった。若かりし頃の私が、人生の伴侶（パートナー）選びのいろはを知っていたはずがない。父からはよく、「お前は宝くじで大当たりを引いたようなものさ」と言われたものだ。

エイオルフの実家の食卓に、きのこが並ぶことはないらしい。野生のきのこはもちろん、市販のきのこも。最近諸外国で流行っていて、ノルウェーのスーパーにも並ぶようになった外国製の冷凍ピザも、義父母の家庭のメニューに挙がることはない。工場で作られた出来合いのものは健康によくないからでなく、慣れない新しい食べものだからだろう。おまけにピザのトッピングのきのこは、義父母の食欲をそそる代物ではない。

夕飯のテーブルに並べる新たな美味を求め、きのこ王国の門を叩く人が多くいる一方で、それと少なくとも同じだけの人が、「きのこ」という言葉を聞いて顔をしかめる。この矛盾は、ノルウェーの人のきのこへの長年の姿勢を如実に表している。

私は運よくブグドイにあるノルウェー民族博物館の民俗研究所（ＮＥＧ）の資料を見られることになった。ＮＥＧはノルウェーの日常生活を様々な側面から語る四万件の証言を集めた歴史資料を保管するため、一九四六年に開設された研究所だ。ＮＥＧは一九九七年、「きのことベリー」というアンケート調査を実施した。寄せられた回答数は、一九八件。四ページにおよぶアンケートの冒頭には、こんな案内文が載せられていた。

> 私どもは、森や畑から何を採ってくるかについて、皆さんがする選択が伝統によるものなのか、はたまた本能によるのか、社会的要因からなのかに、関心を持っております。皆さんが色々な種類のベリーやきのこをどう保存し、家庭でどう使っているのかにも関心があります。ですので、レシピもお寄せいただけるとありがたいです。以下の点について、ご回答ください。森や畑から何をよく採ってくるか、どう保存しているのか、様々な種類のベリーときのこを何に使うのか、これまでの人生で、ベリーやきのことのつき合い方に何か変化はあったのか。私

どもはぜひ知りたいと願っております。私どもが特に知りたいのは、一般的見解ではなく、あなた自身の経験です。私どもの質問と関係のある具体的な出来事や体験をぜひ教えてください。

私はＮＥＧに電話し、一時間ぐらい資料を見せてもらえることになった。約束の時間に私がブグドイのノルウェー民族博物館に行くと、そこにはようやく春が訪れていた。枝の上から、明るい季節の到来を競うように歌う鳥たちの声が聴こえる。私は民族博物館のごつごつした石の壁にある、関係者用の入口から中へ入り、階段を上がった先の図書室に案内された。壁一面が窓ガラスのその図書室には、人気（ひとけ）はなかった。ひとつだけ置かれた机には、回答が手書きの文字で埋められた紙が山と積まれていた。その日の利用者は、私だけのようだった。ＮＥＧの職員から、「きのことベリーのアンケートについて問い合わせてきたのは、あなたの前にはたったひとりだけでした」と言われた。私がブグドイを訪れるその日まで、十年以上もの間、保管所にアンケートが眠ったままになっていたなんて。私は特権を与えられたような気になると同時に、アンケートを見せてもらったところで私に何か発見などできるだろうか、と緊張してきた。

アンケートから分かったのは、ベリーを摘んで食べたことのある人が大勢いるのに対し、きのこを狩ったり食べたりしたことのある人が、極端に少ないことだった。きのこを食べも狩りもしないという人の回答も、それはそれで興味深いものだった。その人たちの考えが幾分、透けて見えたからだ。彼らはきのこを栄養源として有用とは思っていないようだった。きのこは「価値のない食べもの」だ、とはっきり書く人までいた。さらに多かったのは、「きのこは家畜の餌」という回答だった。戦争中、食料が不足していた時代でさえ、その見方は変わらなかったようだ。「きのこみたいな牛の餌を食べるぐらいなら、じゃがいもでもかじるさ、と思っていました」と書く人もいた。オップランドに住む女性は、「母が、山の牧場で乳搾りをしていた頃を振り返り、こう話していたのを覚えています。ある日、夕方の乳搾りをしようと見に行くと、牛たちがいなくなっていました。そこで母は西の方へ探しに行ったそうです。八キロほど行ったところで、牛たちは大好物のきのこを食べていました。母親はきのこのせいで、その日夜遅くまで家に戻れませんでした。アンチきのこの風潮は今だけのものではなく、長い歴史があるのです。当時の子どもにとって、きのこは今と同じで、見るものでした。いたずら心から、足で踏みつぶす子はいても、手で触れる子はいませんでした」

当時、きのこを食べるのは一般的でなかったので、多くの人が初めてきのこを口にした時のことを文章に残している。エストフォル県のある女性は、こう書く。「……私は近所のおばさんと仲良しでした。おばさんは採ってきたアンズタケとホコリタケを炒めてくれました。私はそこで初めて、それら二種類のきのこを食べられることを知りました。きのこは危ないから食べちゃダメだ、と両親は言っていましたが、それ以来、私はアンズタケを自分で採りに行くようになりました」。初めて口にするきのこに感動する人もいれば、「妙な臭いがする」とか「気持ち悪い」とか思う人もいたようだ。

子どもの時は、きのこを食べるのには抵抗があったけれど、きのこはホテルで食べるコース料理に出てくるため、大人になってから時々食べるようになった、という人もいた。きのこは祭事など非日常的な事柄と結びつけられていた。ある人は、「ごちそうを作る時はいつも、マッシュルームを買っていた」と書いていた。「七〇年代、キャセロール・レシピが週刊誌に掲載されるようになると、創造力豊(クリエイティブ)かな主婦が、缶詰のきのこ(丸ごと入っているものも、スライスされているものも)を買うようになった。マッシュルームは食事のアクセントとして使われるようになり……」

ある人は、「父から、〝きのこを食べられるなんて、家(うち)は特別なんだぞ〟とか何とか言われたのを覚えています」と書いていた。ここから、食べられるかどうかの問題だけでなく、きのこが社会的地位を示すアイコンだったことまでも読み取れる。きのこを日常的に口にすることは、インテリジエンスとお洒落の象徴だった。

当時、きのこの入ったかごを腕から提げていたのは、都会っ子、牧師に教師、学のある女性や時代の先を行く芸術家だった。彼らはきのこの世界の開拓者(アバンギャルド)だった。きのこの悦びは、今も当時も変わらない。ルッゲ市に住む女性は、次のように書いている。

「私たちはハンドブックとしょっちゅう、にらめっこして、なるべくきのこの種類を覚えようとしました。迷ったら、冒険はせずに食品管理局に問い合わせるか、きのこに詳しい人に聞くようにしていました。十歳から十二歳ぐらいの時に、古いコンロの前に父が立ち、大きな鍋できのこを煮ていたのを覚えています。子どもだった私たち(四人)は、父の横に立ち、芳醇な香りの漂うその鍋からきのこをつまみ食いできやしないか、様子をうかがったものでした。きのこ狩りをした日の夜は、パリパリに焼いたきのこや、クリームで煮たきのこが出されました。皆が「おいしい」と言うと、料理を作った父が、得意気な表情を浮かべました。きのこ狩りの目的は様々でした。新鮮な空気を吸うこと、体を動かすこと、良質な経験をすること、食料の足しにすること……。子どもの頃は、きのこ狩りには毎回、プリムス社のガストーブとフライパンとマーガリンと塩を携えました。森で食べるきのこの味は格別でした。何よりパリパリに焼いたきのこを、スプーン代わりの指で、フライパンから直接すくって食べる時の幸せといったら……」

きのこ狩りをすると私が言うと、毎回、みな同じ反応をする。そういう人たちは毒きのこ中毒の話を持ち出す。多くの場合、せっかくのディナーのはずが、毒きのこを食べてしまって透析を受ける羽目になったという話になるのだ。これが映画だったら、画面の下に間違いなく、「きのこは危険なものです」というテロップが入れられるに違いない。

「お店で買えるものを、どうしてわざわざ採りに行くの?」というのは、きのこ懐疑派が決まってしてくる質問だ。今では、きのこは体によくないという話を真に受けて、買ってきたピザのきのこを取り除く人はおそらく少数だろう。でも歴史を振り返ると、ノルウェーできのこと聞いて、真っ先に腐敗やカビと結びつける人は、どの時代にもいた。しかもそういう人が世の中の多数を占めていたのだ。

公的機関である中毒情報センターには、問い合わせの電話が年におよそ四万件もかかってくるらしい。ここ数年、相談内容にほとんど変化は見られないそうだ。そのうちの四〇パーセントは、化学製品について。四〇パーセントは医薬品、一〇パーセントは「その他」、一〇パーセントは植物や動物、きのこについて。言い換えれば、きのこによる中毒のことで問い合わせてくる人は、それほどいない。きのこ中毒の現実と空想のギャップは——特にマイコフォビア(きのこ恐怖症)の場合――大きい。

マイコフィリア（きのこを愛する人たち）とマイコフォビアの違いは、昼と夜の違いに似ている。マイコフィリアは極端に慎重なきのこ採取法、いわゆる「守りの採取」をすることでリスクを低減させつつも、知識を増やそうとする。マイコフォビアにとって、きのこは林床から誘いをかける死を意味する。彼らの頭にあるのは、中毒になりやしないか、一生透析のお世話になりやしないか、それに死が訪れないか――ただそれだけだ。マイコフォビアはきのこ狩りをエクストリーム・スポーツと見なす。きのこについてどんなに知識があろうと、狩ったきのこを食べることは、ロシアン・ルーレットを回すような高いリスクを伴う無責任な行為と考えるのだ。マイコフォビアの最後のカードは、「人為的エラー」だ。どんなに高い知識を備えていようと、慎重に狩ろうと、エラーは常に起こりうる。何と言ったらいいだろうか、マイコフォビアの言うことで正しいと言えるのは、中毒のリスクをゼロにはできないということだけだ。きのこ専門家だって、間違うことはある。野生のきのこを食べる際、中毒から完全に身を守るのは不可能だ。

だがマイコフォビアも、町で愉快な夜を過ごしたりした後で、行きずりの相手の車に乗ったり、そういう相手の家に行くのに、危険が伴うことに同意するだろう。マイコフォビアは知識に基づくきのこの消費よりもっと危険な、統計からいえば怪我や事故に遭いやすい行動にふけっているのかもしれない。私の結論は、マイコフォビアのきのこ恐怖の陰にあるのは、危険な行動そのものではない、というものだ。マイコフォビアはきのこを恐れてはいるが、怖いというのは、危険な行動から身を守るための単なる口実だ。不運な一家のディナーの教訓話が結末を迎えるずっと前から、その人がマイコフォビアだと分かる。こんな時、私は口を閉じたまま、笑顔を作ろうとする。きのこのことを、毒ヘビをペットとして飼うのと同種の趣味と見なすマイコフォビアと、私は本当は会話を続けたくない。

　十九世紀、ノルウェーできのこが食卓に並べられるようになった際、その先陣を切ったのは主に教養ある都会暮らしの人たちだった。この習慣は他の大半の国とは大きく異なるものだった。オーラヴ・ヨーハン・ソップ博士（ノルウェーの菌類学の先駆者で、本名はJ・オールフ・オルセンだが、きのこへの並々ならぬ愛を表現するため、ソップ《きのこ》［sopp］に改名した）は著書『食用きのこ *Spiselig Sopp*』（一八八三年）の中で、当時、ノルウェー以外の国では、貧しい人たちはきのこを摘み、食べ、売っていたとしている。ここノルウェーでは、当時、彼らにとっての広い世界、つまり他のヨーロッパ諸国に赴き、社交界の人々が集う優雅なレストランできのこを食べたことがある人は、最先端のトレンドを行くエリートだった。この洗練された美食習慣は、ノルウェーに持ち帰られた。祖国を出ることなく、それゆえあまり啓蒙されておらず、学の低い人たちは、きのこを食べるというエリートたちの気どった食習慣に比較的、懐疑的だった。

　このところ私はマイコフォビアに会うと、清貧の農家の出身なのだろうかと、口には出さずに考えるようになった。思うに、より高い学位を身につけ、よりよい仕事に就き、より高級な地域に住んでいることを鼻にかけてもいいのに、頑固一徹な姿勢を貫くマイコフォビアからは、別の姿が見えてくる。偏見と無知が染みつき、好奇心が欠如した世代には、強烈で不条理な感情が芽生え、それらの感情が凝り固まって残っている。私はきのこはオオカミよりも危険な、猛毒みたいなものと鼻からきめてかかるマイコフォビアへの寛容さも、彼たちを救いたいという願いも持ち合わせていない。どうぞご自由に。そういう人たちに出会った時の、私の考えはこうだ。マイコフォビアが多ければ多いほど、その分多くのきのこが私たちのもとにやってくる。一七五八年、じゃがいもがノルウェーに伝えられた際、「この地では大きな不信感を持って受け止められた。人々はそれを使いたがらず、まして育てようとはしなかった」。きのこの啓蒙活動を忍耐強く行ったソップ博士ほど忍耐強くない私は、それを知ってほっとした。

どのきのこなら食べられる?

きのこ界の新参者である私は、「ノルウェーのきのこの食用性の規格リスト」は自国で開発されたもので、リストが初めて改訂されたのが二〇〇〇年に入ってからだと知り、驚かされた。ノルウェーのきのこ専門家はきのこ検査の際、厳格にこれを管理する。これはきのこ鑑定士が句読点まで忠実に従うガイドラインだ。

このリストは、共通の慣例集を持ちたいという願いから生まれたものだ。これにより、あるきのこが食べられるかどうかという問いに対する答えが、きのこ鑑定ごとにばらけるのを避けられる。個人的には、あるきのこ鑑定士が、「このきのこはまさに「三つ星」級だ」と言う一方、別のきのこ鑑定士が、「このきのこは味がしない」と言うことがあるように感じている。規格リストは、検査対象のきのこを四つのカテゴリーに分けることで、ばらつきを補正する。

1）食用　2）食用きのこではない　3）有毒　4）猛毒

研究が進むことで、かつて有毒と見なされていたきのこの、「えん罪」が認められることもある。たとえばツヅレタケ *Stropharia hornemannii*。最新の研究によってまた、ナラタケ *Armillaria mellea*、キシメジ *Tricholoma equestre* のように、かつては食べられるとされていたものが、実は有毒だったとされることもある。規格リストはそのため常にアップデートされる。

ある時、私ときのこ仲間のＫは、森でツバフウセンタケ *Cortinarius armillatus* が大量に生えている場所を見つけた。私たちはふたりとも、これが現状の規格リストでは、「非食用きのこ」と見なされていると承知していた。

しかしふたりとも、「長年ずっと」このきのこを食べてきて今でも食べ続けている、愛好会の年輩の鑑定士の多数が、「きのこについて十分な経験があるため」規格リストの更新には影響されないとも知っていた。Ｋはつい最近、ある人がスウェーデンのＳＮＳで、「ツバフウセンタケは最高のきのこです」と書いているのを目にしたばかりだった。そのためＫは、今こそその謎を解いてやろう、と宣言した。家族が全員出かけていたため、Ｋは一家の命と健康を損なうかもしれないというリスクを冒すことなく、これを試すことができた。私がツバフウセンタケを摘むのを手伝ってあげると、彼のかごはすぐに実の詰まった新鮮な若いツバフウセンタケで満杯になった。彼が喜び、満足して家に戻ると、いよいよきのこを食す時が訪れた。

その晩、少ししてから、私は彼にどんな味だったか尋ねようとショートメッセージを送った。彼はまだ食べていなかった。明日食べると言う。翌日メッセージを新たに送ると、すぐに返事が戻ってきた。きのこを食べたけど、とてもおいしかった、と。規格リストの「心理的影響力」は大きいとはいえ、Kは決死の思いでこの任務を遂行したのだという。いずれにしても、規格リストに対する大きな疑問は残ったままだ。好奇心をかき立てられる。

たとえば、「有毒」と「猛毒」を区別する必要があるのはなぜか？　その理由は、出会ったのが「猛毒」というカテゴリーのきのこなのであれば、かごの中のきのこは全て、捨てなくてはならなくなるが、きのこが「有毒」であるだけなら、このような極端な対応は必要ないからだと説明された。そして、まだ記憶が新鮮なうちに、ツバフウセンタケにまつわるKの体験をもとに、こう尋ねたい。食べられるのか、有毒か猛毒か明らかになってもいないのに、「非食用きのこ」のカテゴリーに入っているきのこを、どう定義するのだろう？

愛好会のウェブページの「非食用きのこ」の分類は、味または食感で決められる。この規格リストを管理する専門家は、臭いがきついため、ウスチャヌメリガサ *Hygrophorus agathosmus* が好きではないのだろう。これが食べられるか食べられないかは、全く別の問題だ。ちょっとグーグルで検索すれば、このきのこは食べられるとすぐ分かる。「アーモンドみたいな」味がするという声も聞く。ウスチャヌメリガサは、私の食べてみたいきのこリストに入っているきのことのひとつだ。このことから私は、自分自身の味と歯ごたえの好みは、最新の規格リストの最終決定者たちとは一致していないと気づかされた。

アメリカ・コロラド州のテルユライドで行われる年に一度のきのこフェスティバルのことを初めて聞いたのがいつだったのかは思い出せないが、パレードでいろいろなきのこの仮装をした人たちの写真は記憶に残っている。全てがひどく酔狂でおかしく思えたが、だからこそ惹きつけられた。これこそ私の赴くべききのこフェスティバルだ。ある年、ようやくテルユライドのきのこフェスティバルに行くチャンスがめぐってきた時には、一秒たりともためらわなかった。規格リストで食用きのことされていないシシタケ *Sarcodon imbricatus* を食べたのは、このテルユライドでが初めてだった。芳醇なシシタケのスープがすごくおいしいと気づいた時には、少し戸惑った。

愛好会のベテラン会員にこの問題について尋ねると、シシタケが食用きのこであっても、小さ過ぎて食用に集めるのは一苦労だからだろうと説明された。さらに有毒かそうでないか百パーセントは確証がないために、「非食用きのこ」に分類されているものもあるという。

食用きのこが「非食用きのこ」のカテゴリーに入る理由は複数あるようだ。規格リストは第一に、細かいことまで調べる時間がない時に用いるきのこ管理実践マニュアルなのだと言われた。鑑定会にはきのこが有毒かどうか確認してほしいと望む人たちの行列ができることが時々ある。

とはいえ、関心度の高いきのこ愛好家の規格リストには、それぞれのきのこが食用に適している

ツバフウセンタケ
Cortinarius armillatus

かについて、アップデートされた最新の情報がある。規格リストはまた組織的な制約なしに、まめに使われる。さらに愛好会で発言権のある人たちまで、きのこ鑑定以外の時にも、このリストに従う。

リストの目的または意義は、味をジャッジすることでも、他の人を監視することでもないものの、そういった二次的効果が実際はあることは否めない。「非食用きのこ」に分類されているきのこにコメントがついていたけれど、それらコメントのうちいくつかはナンセンスに思えた。たとえばコメント欄に、「不快な臭いまたは味」としか書かれていない種が複数ある。知っての通り、臭いと味の評価はごく個人的なものだ。さらに言うなら、中には焼くと不味くて、他の食べ方をするとおいしいきのこもある。そのため主観的な好みに基づかない、より詳しい規格リストの方が、適切なはずだ。その方が食用きのこの味または食感が好きかどうか、自分で決める余地のある判断材料になるはずだ。そこではじめて小さくて、ちょっとした料理に使うだけの量を集めるのには骨が折れるきのこを集めるかどうかの良い基準にできる。けれども規格リストに何を載せるべきかは、きのこ界の多くの人の心を大きく揺さぶるので、議論がまだ続くだろう。

狭間（limbo）の国

人類学が社会通念に寄与した事柄のひとつは、“rite de passage”（通過儀礼）だ。一九〇九年、オランダのアルノルト・ファン・ヘネップにより提唱されたこのフランス語の概念は、個人が社会グループを離れ、他のグループに加わる際起こる社会的立場の変化を示すため行われる儀式を指す。洗礼式、堅信礼、結婚式、埋葬が、「通過儀礼」の例だ。ファン・ヘネップは家を社会のメタファーに用いる。家の中にあるたくさんの部屋は、社会の下位グループを表す。ファン・ヘネップによると、ある状況から別の新たな状況に移行する時、その個人が通過する段階は三つある。「分離」（ある集団から）、「移行」（新しい集団への）、それからそのどちらの集団にも属さない段階“the liminal phase”（境界の段階）だ。

ラテン語の‘limen’は、「境目」や「境界」といった意味を持つ。基本的な意味が共通する言葉に、‘limbo’がある。ローマ・カトリックの神学では、天国と地獄の間の場所は、‘limbo’と呼ばれる。天国で神と永遠の人生を送る喜びにあずかれない人が、人気のない狭間の国に捕らわれている。そこが‘limbo’だ。地獄送りの審判は免れたが、天国に行けるわけでもない。

結婚していたはずの私が、急に未亡人になった。悲しみの迷宮をめぐる旅は、これまでは長く、断続した狭間の段階にあった。私はどこにもいなかった。

狭間の国では、当たり前でよく知っているとばかりあなたが思っていた全てがもろくも崩れ去り、不確かになる。ある人が得体の知れない旅へ向かう――時に波乱ぶくみで、決して心地よくない旅行の格安チケットを渡されたとする。状況は流動的で、理論上はあらゆることに選択の自由があり、——プラスの変化が起こる余地もある。とはいえ、不慣れなこの荒涼とした月面にとどまるのは、相当に骨が折れる。'limbo' にいる時、体内で荒れ狂う感情の波は特に激しい——不本意な状況への怒り、過去の人生への思慕、待ちうける人生への恐怖。そのせいで、開くはずの新しい扉を見つけることも、ままならない。

芝に怒る

私は芝に、それに芝刈り機に怒っている。貸し農園の狭い区画を、旧式の芝刈り機で行ったり来たり。一冬で、もうこんなに刃の切れ味が落ちるなんて。屋外ディナーを私がごちそうしたお返しに、友人がつい昨年の夏、研いでくれたばかりなのに。芝刈り好きのエイオルフが特に気に入っていたのは、お気に入りの武器庫いっぱいの得体の知れない名前の種々の工具で芝生の端を刈り込んで整えることだった。私は芝生の端の方を刈る機械を出してくる代わりに、芝刈り機を使った。小屋の壁に芝刈り機を何度ぶつけても気にしなかった。もちろんこれではきちんと刈り込めなかった。

芝刈り機を、壁を打ち崩す突き棒代わりに使おうという、私の非効率的な試みに、もちろん母はいら立った。どんな扉を開けようとしていたかは、自分でも謎だった。珍しく、母は何も言わず、そっとしておいてくれた。

振り返ってみると、エイオルフが亡くなった後、私の心を主に占めていた感情は、怒りではなかった。無宗教の私には、怒りの矛先を向ける神がいなかったからだろうか？　私が夫に怒っていないことは確かだった。悲しみに加え、絶えず何度も湧き上がってきたのは、感謝の気持ちだった。私はエイオルフが人生の伴侶になってくれたことに感謝していたが、心理学者の友人は、怒りは悲しみの重要なプロセスだと言う。私の流儀は、誤っているのだろうか？

エープリル・フール

今日は四月一日（エープリル・フール）だというのに、誰も私をだまそうとしない。エイオルフがいたら、何か仕掛けてくるはずなのに。

フィフティ・シェイズ・オブ・ポイズン

森の別荘小屋でロマンティックな週末を過ごしていた不倫カップルが、おいしそうな森のきのこだとばかり思って毒きのこを食べ、近隣の病院の集中治療室に緊急搬送された。女が友達と旅に行っていると表向きは話していたのに対し、男の方は仕事の勉強のためのセミナーに行っていると家族に言っていた。二人の配偶者と家族が病院で鉢合わせたことで、彼らのアリバイはもろくも崩れ去った。きのこ中毒で生死を彷徨（さまよ）うのと不倫がばれるのと、どちらが悲惨かは想像にお任せする。

きのこについて話していると、毒がしょっちゅう話題に挙がる。だが毒きのこを一口食べるだけで、即死してしまうものと勘違いしている人が多すぎる。夕飯のお皿の上に吐いてしまい、口から毒の泡が吹き出すといったドラマチックな場面を思い浮かべるのだろう。私自身の解釈もこれと大して変わらなかったが、きのこの毒と一口に言っても様々ということが、後から少しずつ分かっていった。きのこの毒には、たくさん種類がある。毒きのこを食べたら必ず、死ぬまで透析の身になるというわけでも、若死にするというわけでもない。きのこの毒は、妊娠とは道理が異なる。妊娠の場合、「ちょっと妊娠している」なんてことはありえない。妊娠しているか、していないかのどちらかだ。でも毒きのこがどれも同じように有毒なわけではない。毒性がわずかなきのこもある。

地球上の何十万の種のうち、死に至るほど有毒なきのこは、ごく一握りだ。これらの毒の摂取によりもたらされる症状や結果はばらばらだ。ただし、きのこの毒が多大な影響を与えうるということに、何ら疑いはない。アマトキシンの毒は、地球上の死に至るようなきのこの毒のおよそ九〇パーセントを占める。ノルウェーのきのこで、アマトキシンの毒を持つ代表的な種は、タマゴテングタケ、ドクツルタケ、ヒメアジロガサ *Galerina marginata* だ。これら（とそのドッペルゲンガー）は、どの初心者講座の教材にも必ず載っている。きのこの毒は、神経系や消化器系を攻撃しうるが、さらに筋肉をも攻撃しうる――横紋筋融解症は筋肉を破壊する。溶血という別の疾患は、赤血球を破壊する。

きのこ毒の症候群は、症状が現れるまでに要する時間により、分類可能だ。ジンガサドクフウセンタケ *Cortinarius rubellus* には、肝臓や腎臓を損傷しうるオレラニンが含まれ、ほんの少量でも死ぬことはありえる。これに加え、摂取後二週間近くたっても、中毒症状が出る可能性があるのも本当だ。言い換えるなら、腎臓が突然機能しなくなるまでは、歩き回り、痛みにも危険にも全く気づかないことがあるということだ。それにひきかえ嘔吐や下痢、吐き気といったすぐに出る反応を引き起こすきのこの毒は、あまり危険でないと言える。大抵はきのこの毒の潜伏期間が長い時、つまりはきのこを摂取してから最初の中毒症状が現れるまでの期間が長い方が、健康被害はひどい。きのこの種が「死に至るほどの毒」と見なされるとしても、十分に早い時期に正しい処置をしておけば、命が助かる可能性はある。

きのこが有毒かどうかを、見た目だけでは判断できないのだろうか？　知らない人が、私のかごにある食用きのこを見て、「毒きのこっぽい」と言うのを耳にしたことが何度もある。何をもって「毒きのこっぽい」とするかは、主観的だ。私の仮説はこうだ——店であまり見ないようなきのこは、マイコフォビアの人にはどれもこれも毒きのこっぽく見える。スーパーにあるホワイトマッシュルームに比べれば、たとえば柄の部分が赤茶色の網状で、黄色かった肉の部分が青に変化するウラベニイロガワリ *Boletus luridus* は、毒がありそうに見えるだろう。私はお皿ぐらいの大きさのあるウラベニイロガワリを摘んで、ファーマーズ・マーケットのきのこ展示に持っていった。そこでそのきのこは、たちまち「おばけきのこ」の役割を任された。皆、決まってそのきのこが有毒か知りたがる。すると私はにっと笑って、よく焼くとすごくおいしくなるのよ、と陽気に返すのだ。そういう時の反応を観察するのは、いつも愉快だけれど、その情報が毒きのこのイメージを打ち砕くのに十分だったかは疑わしい。

おまけに毒きのこの特徴については、様々な誤解がある。たとえば毒きのこが木から生えることは決してないとか、全て強烈な色をしているはずだとか。中には、昆虫や動物が食べるきのこには毒はないとか、有毒なきのこに銀を触れさせると黒くなると思っている人までいるようだ。問題は、ある物質は人には有毒だが、動物には有毒でないということ、また銀の反応からきのこの毒について何も知ることができないので、銀のスプーンを手にきのこ狩りに行っても、得るものはほとんどないということだ。毒について知る近道は、残念ながらない。

きのこを見分けるには、それらについて知識を得なくてはならない、昔ながらの友として。その日が友にとってよい一日だろうと、悪い一日だろうと、彼らの顔を見間違いはしないだろう。きのこについても同じだ。きのこはある時には小さく、美しく、立派だ。しかし同じ種のきのこも別の時には古く、しわしわで、醜く見える。

初心者講座をつい最近受けたある友人が、きのこの見分け方は人によって異なると報告するかもしれない。彼がアンズタケとジンガサドクフウセンタケを見せた時、ある参加者はすぐに違いが分かったのに対し、別の参加者はふたつのきのこが「両方とも黄色い」ので、似ていると宣(のたま)った。また毒情報センターには色や形、その他の特徴も全く異なるヤマドリタケとカノシタのような良質な食用きのこがドクツルタケと混同されるケースが報告されたこともあるらしい。種の判別に必要な特徴は学んでおくべきだ。知覚のうち重要なのは記憶で、記憶の基本は学習と鍛練だ。多くの経験と知識を得れば得るほど、小さくとも重要な違いを認識するのが上手くなる。入り方は人それぞれだが、他の人より努力が必要な人もいる。とはいえ、きのこについては、実際の違いを知るのは極めて重要だ。

初心者がよく犯してしまう過ちは、本のイラストを鵜呑みにし過ぎることだ。きのこの見た目は、年数やその他の要素によって変わってくる。種を特定しようと躍起になるあまり、本の写真に出てくるようなきのこと自然のきのこの類似点にばかり目を奪われ、似ていないところを見落とすのはよくあることだ。きのこの知識は何より実践で身につけられるものだ。熟達するには、経験と修練が必要だ。職人の修業のように。知識は五感を通し、ゆっくり増えていく。混沌から徐々に秩序が生まれていく。

タマゴテングタケ
Amanita phalloides

でもそれも単純ではない。

きのこ愛好家が、寛大にも「サンデ・フィヨルド・アンズタケ」と呼ぶのは、ジンガサドクフウセンタケ——ノルウェーの自然でもっとも毒性の強いきのこのひとつだ。ジンガサドクフウセンタケは、時に他のアンズタケの種、ミキイロウスタケと並んで生える。ベテランのきのこ愛好家には、ジンガサドクフウセンタケとミキイロウスタケの違いは明らかなので、これらふたつの種が混同されるとは理解しがたい。噂によると、サンデ・フィヨルド〔ノルウェーのヴェストフォル県に位置する自治体〕かどこかで、このふたつを見間違え、生涯、透析の身になった人もいるらしい。

ノルウェーのきのこ界で有名なSが、ノルウェーにやって来たフランス人のため食事に出そうととびきりのアガリクス・アウグストゥスを複数摘んだ際、食べられないと言われたそうだ。彼にとっては驚くべきことだった。ノルウェーでアガリクス・アウグストゥスは食べられるだけではない。多くの人たちが、アガリクス・アウグストゥスをこの国随一のきのこと考えている。きのこの味を星の数でランクづけしていた頃、アガリクス・アウグストゥスは三つ星だった。でもフランス人の見方は違っていた。フランスで有名なきのこ本、『きのこガイド *Le Guide des Champignons*』の著者、ディディエ・ボルガリーノが食用マッシュルームのリストに挙げていたのは、ハラタケ *Agaricus campestris* とアガリクス・ランゲイ *Agaricus langei*（和名未詳）だけだった。ノルウェーのマッシュルームを知る人たちにとって、これは驚くべきことだろう。ボルガリーノによると、安全面から、アガリクス・アウグストゥスとシロオオハラタケ *Agaricus arvensis* とシロモリノカサ *Agaricus sylvicola* は、できれば捨てた方がよい。これらのマッシュルームには、カドミウムや他の重金属が蓄積しうる。ノルウェー人はこのことを意識しているため、ほどほどにしか食べないが、フランスの菌類学者の多くはさらに厳格で、買ってきたマッシュルームも食べない。

この話を聞いた私は、目を剝いた。味についての個人の意見は様々だろうとは容易に想像がつくけれど、毒性があるか、食べられるか食べられないかという疑問に対する答えはそれほど多くはない。誰しもが同意するような、絶対的な答えがあるのではないかと思っていた。どの国も、食用きのこや毒きのこの同じようなリストを使っているのではないのだろうか？　段々と分かってきたのは、きのこを食べた後、体調が悪くなる人がいるのには様々な理由があるということだった。

そのうちのひとつは、過剰摂取だ。たとえよいものであっても、食べ過ぎは体に毒だ。健康的と言われる食事も、食べ過ぎると、時に毒になりうる。ご存知の通り、塩は体に絶対的に必要なものだが、大量に摂取し過ぎると危険だ。水についても同じことが言える。十六世紀、毒性学の父、パラケルスス曰く、薬になるか毒になるかの唯一の分かれ道は、摂取量だ。きのこを食べた後、気分が悪くなるのは、必ずしも毒のせいではない。きのこについてもほどほどにすることは美徳だ。食用きのこであっても、元から体が弱っているのに、常軌を逸して大量に食べるのはお薦めできない。愛好会は二日続けて、またはそれ以上の期間、一日に複数回、きのこメインの料理をとることは推奨していない。

摂取量に加え、個々人のアレルギー反応も考慮に入れるべきだ。ある人にとっては最高のきのこも、別の人はアレルギー反応を起こしかねない。その結果、死に至らずとも、一時的な不快感や吐き気、胃の不調が起こりうる。

きのこが毒になる主な原因には他に、不適切な調理がある。生の状態で有毒でも、正しく調理すれば全く問題なく食べられる種もある。摂取した後、様々な悪しき症状をもたらしうるとノルウェーで言われているきのこが、実は毒きのこではなく、食用きのこ、キンチャヤマイグチであることも。柄の部分に最新流行の無精ひげが生え、傘が肉厚で赤茶なら、キンチャヤマイグチと容易に見て取れる。キンチャヤマイグチは長年、いわゆる「安全な六つのきのこ」のひとつとされてきた。しかし、このリストからキンチャヤマイグチが除外され、リストの呼び名も「安全な五つのきのこ」に変わった。キンチャヤマイグチ自体に毒性があるからではなく、十分に熱処理されていないと、食べた人が体に変調をきたすのだ。キンチャクヤマイグチは山にも生えるので、たき火をしていて、小腹が空き、我慢しきれず食べてしまう人が多いのだろうと考えられる。原則的にスーパーで売っているものをはじめ、あらゆるきのこは熱処理すべきだ。一九七〇年代または八〇年代から、市販のマッシュルームをサラダに入れて食べていたと、この意見に反対する人もいるかもしれないけれど、実際、市販のきのこに含まれる癌の原因となるフェニルヒドラジン誘導体は、熱処理可能だ。またきのこの毒がめまいや頭痛、腹痛の元になりうるという点も、言及すべきだろう。そのため敏感できのこに懐疑的な人は、きのこ全般を食べないようにした方がよい。

きのこ鑑定士は、極めて毒性の高いきのこがかごにひとつでも入っているのなら、他の食用きのこも全て却下する義務がある。角砂糖ほどの大きさのジンガサドクフウセンタケたったひとつで人は死ぬと、きのこ採集家の大半は認めている。それにもかかわらず、必ず誰かしらが、愚かなことに、アンズタケを捨てるのに反対する。私の知るきのこ鑑定士が、ある時、鑑定に出されていたビ

ジンガサドクフウセンタケ
Cortinarius rubellus

ニール袋に入っていたヤマドリタケ数本と一緒に、大きなドクツルタケを五本見つけた。ヤマドリタケは、砕けたドクルツタケの欠片(かけら)にまみれていた。

袋を持ってやって来た男性は、鑑定士からの判定を受け、ひどく悲しそうにすると、ドクツルタケにまみれたヤマドリタケを持って逃げようとした。私の友人は、袋の中のヤマドリタケを処分させるのに、駆け引きの上で、あらゆる最良の策略を駆使しなくてはならなかった。

毒情報センターによると、中毒になる人の大半は大人らしい。センターには子どもについての問い合わせが毎日たくさん入るものの、実際に子どもが自然の中で見つけたきのこを大量に食べることはめったにない。子どもはせいぜい見つけたきのこを、ちょっとかじるくらいだが、大人はまとまった量を食事として摂取する。最悪のシナリオは、きのこのことを全く知らない人が、ごちそうかと思って毒きのこを誤って採り、豪華なディナーを家族や友人に振る舞うことだ。残念ながら、ノルウェーにやって来る移民の多くが、このケースに陥る。ノルウェーでここ数年、深刻なきのこ中毒になった人の半分以上は、他国から来たバックグラウンドを持つ。こういう人たちはノルウェーで、母国で見た危険でないおいしいきのこと似たきのこを見つけ、その大発見を盛大なディナーで祝おうとしがちだ。若いタマゴテングタケとフクロタケ *Volvariella volvacea* も、混同という悲劇が起きやすい。同じようにドクツルタケも東南アジアに生える別のツルタケ、フクロタケと間違われやすい。ドクツルタケは味も臭いも特別ひどくないので、問題含みの種とは思われにくい。でも実はほんのちょっと食べただけでも、肝細胞に傷がつくこともあるのだ。解毒剤が効かないと、ドクツルタケの毒で肝疾患にもなりうるし、最悪の場合、死に至る。

きのこの毒の研究は簡単ではない。その理由の大半は自明だ。重要な理由のひとつは、「罪深い」きのこが、きちんと保存されるわけでも、種が特定されるわけでもないことだ。とはいえ、毒情報センターの統計が、私たちにヒントを与えてくれる。この統計から、ノルウェーの病院に二〇一〇年から二〇一四年の間に、重度のきのこ中毒が強く疑われる患者が入院したのは四十三名であることが分かった。四十三名とも患者は大人だった。そのうち、二〇一〇年から二〇一四年の五年の間の致死件数は一件だった。その一件の原因は、ドクツルタケの摂取だった。ドクツルタケはまた、この五年で最も頻繁に誤って摂取されたきのこだった。無垢に見えるドクツルタケが実際は最も危険なのに、なぜノルウェーではベニテングタケの方がよく知られているのか理解に苦しむ。

単純な愚かさも、時にきのこ中毒の原因になりうる。シビレタケを麻薬替わりに楽しもうとした若者のグループの話を耳にした時は、のけぞりそうになった。ある気だるい夏の日に、牧草地できのこを見つけ、強烈な幻覚症状を味わいたくなり、そこに生えていたきのこをたらふく食べるよう互いをそそのかした。幸い、マジックマッシュルームではない、違うきのこを食べたので事なきを得たが、こういう傍若無人さが自身の健康に危険を及ぼし、たちまち集中治療室行きとなりかねない。「何年もずっと」センボンイチメガサ *Kuehneromyces mutabilis* を食べてきたが、これには死に至るドッペルゲンガー、ヒメアジロガサがあることに気づいてきのこ鑑定士に電話してきたという男性の話を、最近私は聞いたばかりだ。ヒメアジロガサは肝臓、腎臓、心臓、神経系の細胞に、時に命をも脅かすような損傷を与える細胞毒性を持つ。

「今、センボンイチメガサを食べたばかりなんだけど、どうしたらいい？」と電話をかけてきた人は尋ねた。運が判断力を上回ったのであろうその男性が、その後どうなったかは定かでない。

他の国にも、毒きのこにまつわるおかしな迷信があるようだ。神話や医学における自然毒の役割について大規模な展示がニューヨークの自然史博物館で開かれた時、私はアメリカにいた。さすがアメリカ、何もかもスケールが大きく、華やか。展覧会の入り口は、熱帯雨林にできた空き地のようだった。ジャングルのせせらぎが聞こえる。ここでは毒ヘビや毒サソリ、毒アリ、それに自然界で最も強烈な毒を目にするとガイドが言う。ガラスの水槽の中の生きた毒ガエルや、雨天にその下に立とうものなら「毒雨」で湿疹が出かねないほどの毒林が紹介された。展示がないことで、逆に注意を惹きつけたのは毒きのこだった。私が毒きのこはないのかガイドに尋ねると、シェイクスピアの『マクベス』で様々な不快な材料を入れた悪魔のスープを煮こむ、三人の魔女の原寸大モデルを見せられた。さすが本場ハリウッド、舞台芸術のありとあらゆる効果が駆使されている。秘密の呪文を唱える魔女の鍋から煙が上がった。魔女の足下に、プラスチックでできた小さなベニテングタケが見えた。「ほうら、シャグマアミガサタケですよ」とガイドの女性は言った。私は残念ながら、彼女にその哀れなプラスチックの小さな塊は、シャグマアミガサタケではなくベニテングタケですよ、と忠告せざるをえなかった。ニューヨークで最も素晴らしい恐竜を備え、著名な文化人類学者マーガレット・ミードの元事務所でもあるその博物館への私の深い敬意は、煮立った湯の中のきのこの毒のように儚（はかな）くも消えた。自然の中や神話や医学におけるきのこの毒だけを展示するのも実際問題、可能なのだろうが、明らかにキュレーターにはその考えはないようだった。それに博物館は毒のある動物や植物を祖国に持ち帰るため、南アフリカまでわざわざ探検に繰り出す必要もな

ドクツルタケ

Amanita virosa

い——出口から退場し、セントラルパークまできのこ狩りに行けばいいだけの話なのだから。

白黒つけられない

味は個人の好みだけでなく、文化に左右されるものなので、「食用きのこ」と「非食用きのこ」の分類について、国境をまたぐと説が異なるのは自然なことだ。「毒きのこ」という分類が、世界でこんなに異なるとは全く予想していなかった。私はたとえば、ノルウェーで有毒と見なされているきのこが、他の国で平然と売られ、食べられていることに気がついた。同様に、国によって正反対の表示がつけられている種もある。これをどう受け止めるべきなのだろう?

答えを求め、オスロ大学のクラウス・ヘイラン教授を訪ねた。教授はくすくす笑うと、きのこの毒は白黒つかない、フィフティ・シェイズ（さまざまな意見が入り混じった）な問題だと語りはじめた。どのきのこが本当に死に至る毒きのこかについては、万国のきのこ愛好家の意見が一致している一方で、グレーゾーンのきのこは無数にある。毒きのこかどうかを決めるのはそんなに難しいことなのか、というのが、きのこ初心者だった頃の私の素朴な疑問だった。私はこのことを驚くべきことであると同時に魅惑的に感じた。

きのこのベテランの多くは、キシメジを安心して食べられた時代を懐かしむ。キシメジはいつからか規格リストの「食用」の欄から「有毒」の欄に移された。このような変化が起きた背景には、痩せようときのこダイエットをしていたフランス人たちの存在がある。数キロばかり体重を落としたい熱意からフランス人たちは、キシメジを長期間、大量に消費し続けた。決してそんなこと、すべきではなかったのだ。キシメジの毒は体内で蓄積され、保存され、しばらくすると体が急に「やめて」と言い出す。このキシメジはさらなる研究により無罪が決まるまで、規格リストの食用きのこにはカテゴライズされないだろう。

「このことを研究している人はいるのですか?」と私は菌類学の専門家たちに尋ねた。

ノルウェーではそういう研究はされていないという答えが返ってきたが、私が質問した専門家は誰ひとりとして、そのことを特段、懸念する人はいなかった。とはいえ、実際の結論は、はっきりしたものだった。調査期間中のきのこは規格リストの食用きのこのカテゴリーから除外される。そしてきのこ鑑定の際も却下される。

このきのこはおいしいとは話に聞いていたけれど、大して気に留めていなかった。そんなある日、オストマルカで偶然キシメジを初めて見つけた。同じ種がその場所に美しく、黄色に、まっすぐに、優雅に、こぢんまり集まって立っていた。英名の'Yellow Knight'とラテン語名の'equestre'がいずれも馬術家、または騎手という意味なのも不思議はない。私はジレンマを抱えていた。食べるべきか、食べざるべきか? 少し身震いし、きのこを家に持って帰り、ソーシャルメディアに、「キシメジを食べたことがある人はいませんか?」と投稿した。

「食べたことがある」という答えが、すぐさま、いくつも返ってきた。そこで私は勇気を振り絞り、きのこをひとつ焼き、食べてみた。おいしかった。私がこのことをきのこ界の外の友人に告げると、「一級品のキシメジがかご一杯に入れられてきのこ鑑定に運ばれてきたら、あなたはどうする?」と尋ねられた。私だったら間違いなくキシメジを廃棄するが、果たして自分で使う分だけきのこを袖に入れようとするだろうか? 幸いそういう微妙な状況に立たされたことは、一度もなかった。

フランス人にはカドミウムやその他の重金属が原因で、マッシュルームに対して抑制的な意見を持つ人が多い。喫煙者は非喫煙者に比べ、平均して血中のカドミウムの濃度は四—五倍、腎臓のカドミウムの濃度は二—三倍、高い。ノルウェーの野生のマッシュルームのカドミウム濃度がどの程度の危険度なのか議論することは間違いなくできるが、マッシュルームでなく喫煙がカドミウムの最大の摂取源となっているに違いない。さらに私が知る限り、喫煙者にはカドミウムではなく、他に死因がある。

イギリスに行けば、ベニタケについては、ノルウェーと違った見方がされているのが分かる。イギリスではベニタケをほとんど食べないと知って、私は驚いた。イギリスで一番人気のあるきのこ本のひとつ、ジョン・ライトの『きのこ *Mushrooms*』で、ベニタケ属のうち食用として薦められているのは、カワリハツ *Russula cyanoxantha* とアイタケ *Russula virescens*、ヤマブキハツ *Russula ochroleuca*、イロガワリキイロハツ *Russula claroflava*、コゲイロハツタケ *Russula parazurea* の五種類だけだ。これら五つを見分けるのが難しいと思う人が多いので、'Dorset Fungus Group' のような地元の愛好会が従う実践的なルールが生まれた。それはカワリハツ一種に絞れというものだ。愛好会についていき、イギリスのブラウンシー島へ年に一度の旅行に赴いた際、バルト三国ではもっとたくさんベニタケ属が食べられていること、食べて平気かどうかを決めるのに、生のベニタケを食べてみる奇妙な習慣があると聞かされた。まろやかな味のものは食べられ、ぴりっとする味のものは捨てられた。ノルウェーでも、この「バルト三国メソッド」は、私たちが見つけたベニタケ属が食用かどうかを知るため、実践されていることはお伝えしておきたい。私のただの思い過ごしかもしれないけれど、この向こう見ずなノルウェーのベニタケ・テストについて話した時、なんだか妙な目つきで見られたような気がした。

ノルウェーとスウェーデン間でも、国民の解釈や慣習はかなり異なる。フウセンタケを例にとろう。ノルウェー人がフウセンタケを全て（ショウゲンジ *Cortinarius caperatus* 以外）避けるのに対し、スウェーデン人はチャオビフウセンタケ *Cortinarius triumphans* や他のフウセンタケを咀嚼するのをいとわない。私はスウェーデン人がSNSに自慢げに、チャオビフウセンタケとツバフウセンタケを満杯に入れたかごの写真を上げているのを目にしたことがある。これらはノルウェーのきのこ鑑定では、躊躇なく捨てられる。

これと逆の例もある。ノルウェーでは、スウェーデンで食べる習慣のない、小さいけれど美しいウラムラサキが食べられている。スウェーデン人はウラムラサキに、ヒ素が含まれていると考えているようだ。ここノルウェーで、私は尊敬すべき、きのこのベテランから、ウラムラサキ料理の下ごしらえ用レシピまでもらったことがある。「魅惑のきのこ」というレシピには、ウラムラサキ、キツネタケ、若いアンズタケやミキイロウスタケに、ベルモット、シナモンにクローヴが使われる。ヒ素（またはより正確に言うのなら、三酸化二ヒ素。三酸化二ヒ素はヒ素の一種）の危険性を懸念する人は、ノルウェーにはいない。「魅惑のきのこ」はアイスや他のデザートに乗せる、愛らしい飾りとして使われる。アルコールに寛容な国なら、これが子どもに出されることもある。ウラムラサキに実際、ヒ素が入っているか探るのは、簡単に思えるかもしれない。

もしくはヒ素が入っているとするなら、致死量かどうか。同じように、スウェーデン人は食べても大丈夫らしいのだから、ツバフウセンタケにしろチャオビフウセンタケにしろ、ノルウェー人だって食べても大丈夫だと判断できるのではないだろうか。いずれにしても、あるきのこが食用か毒かという問いは、きのこに実際どんな毒があるかだけでなく、様々な毒性を持ちうる物質に対し国がどんな姿勢を示すかによるのではないか。私は様々なリスク分析を特徴づけるふたつの完全に対照的な戦略を目の当たりにしたことがある。ノルウェーでは、カドミウム摂取のリスクを低減させるため、森や畑でしかマッシュルームを採らないと言う人もいれば、今日では高速道路の中央分離帯でマッシュルームを採ることも、よく考えるべきだと言う人もいる。ひだの部分に実際のところヒ素が蓄積されるので、中間の戦略をとり、調理前にひだの部分を除く人もいる。最後の戦略が有効かは判断できないが、中毒の危険性についての解釈が、国や個人によって異なるグレーゾーンの中でうごめいているようだ。最後の最後にどのリスクをとるかは、きのこ採取者が決めることだ。

フランスで敬遠されているアガリクス・アウグストゥスは、私のお気に入りだ。初めて口にした瞬間、とりこになった。それに非喫煙者からすれば、元々のカドミウムの摂取量はおそらく少ないだろうから、懸念すべきことなど一切ないのだ。アガリクス・アウグストゥスに比べて、市販のマッシュルームは味も特徴も「色気」もない。さらに市販のマッシュルームには、匂いもない。一方で、私の嗅覚からすれば、野生の食べられるマッシュルームからはよい香り――アーモンド・エッセンスの甘い香りがする。まるでクッキーみたいだ。

フロー

エイオルフは貸し農園で雑草を取るのが好きだった。イヤホンで音楽を聴いたり、インターネットで何度も集中力を削がれたりすることなく、その任務に何時間も費やした。雑草を取る時は、作業に百パーセント没頭していた。エイオルフはフロー状態になり、今に集中する名人だった。小さな子どもや動物がいつも彼のところによってきたのは、そのためだろうか?

エイオルフがいなくなった今、私は彼を美化し過ぎているのだろうか?　喪失のプリズムを通して思い出すものは、美化して見えるのだろう。消えていく要素もあれば、増幅する要素もあった。

でも、確かなことがひとつある。ある会議から別の会議へ、あるタスクから別のタスクへと常にせわしなく動き回る私とエイオルフは別種類の人間だった。彼はその時いる場所で、穏やかに過ごしていた。私たち夫婦と親しい人の言葉を借りるなら、私は行動と実行の人で、エイオルフは落ち着いて、肩の力が抜けた人だった。

待ち焦がれていた雨がオスロにようやく降り注ぐと、猫の額ほどの庭では全てが伸び放題になった。これは雑草取りをするしかない。でも驚いたことに、想像していたより、雑草取りはずっといいものだった。私が恐れていたような退屈なものでは、全くなかった。事実、ひとつに集中できるのは良い気分だった。おまけに柔らかな芝生の上に座って、救急ヘリが出動中の信号を送りながらプロペラを回す中、マルハナバチや蝶の羽音を聞き、庭のボタンやバイカウツギやオレガノの香水に似た香りを感じるのは気持ちがよい。雑草取りの魅力に気づいた後での私の結論は、雑草取りはグリーフケアとしては過小評価されているということだ。単純に具体的で、すぐに結果が目に見えるからだけでなく、抗うのを止めて腰を上げた時に、新たな体験が生まれるからだ。そうだ、全く新しい世界を知ることができるし、新しい自分にもなれる。

この雑草取りの体験が私に、来た時と同じきのこの道を引き返している光景を思い出させる。光の射す角度が変わることで、かつて素通りしていたきのこに気づかせてくれるかもしれない。そして時には、大発見につながるかも。作曲家のジョン・ケージも熱心なきのこ採取家のひとりだった。彼は上手く隠れたきのこを見つけることを、きれいな低い音——日々の雑音でかき消されがちな静かなシンフォニーに耳を傾けることになぞらえている。新たな視点によって、新たなきのこ狩り、思いもよらなかった体験の可能性が開ける。

ほぼ空のきのこのかごを持って家に戻るのは、珍しいことではない。同じように、運試しのためだけでなく、多かれ少なかれ「無一茸」で歩き回ることにも価値があるので、私は散策に出続ける。楽観的な私はいつも、できる限り大きなきのこかごを持って散策に繰り出す。でもしばらくすると、全く別のことで満足しなくてはならないことに気づかされる。「菌類学的に興味深い」きのこを見つけるか、シーズンのもっと後に戻ってくるのが楽しみな森に行き当たったり、あるきのこのよい写真を撮るということも起こりうる。偉大な狩人(ハンター)として、きのこ狩人(ハンター)はまた、獲物が手の届くところにある時、シャッターを連続で切る。発見した見事なきのことの自撮り写真は、きのこ界で一般的なモチーフだ。捕らえた獲物の写真は、私たちのトロフィーだ。きのこが採れない散策も、自然の中に身を置けるのだから、よい体験になりうる。なので私が段々に気づいていった通り、「きのこの喜び」は、かご満杯のきのこにとどまらない、何かもっと豊かなものだ。

きのこ狩りに行く目的は、できるだけ速く広域の範囲を網羅することではない。立派なきのこを見つけた場所と、もと来た駐車場の場所を記録するため、Runkeeperというアプリを使っている友人は、同じアプリをどれぐらい速く、またどれぐらいの距離、走ったかを把握するために使っている同僚にいつもからかわれている。友人のRunkeeperの記録は、まるで大胆な落書きだ。夫を亡くしたばかりの未亡人がきのこから得た教訓は、きのこを探す時に必要なのは、具体的なＧＰＳ座標だけではないということだ。同じく重要なのは、態度だ。最も効力があるのは、今に集中することだ。すると幸福の意味が広がる。

「どこできのこを見つけられるの？」という質問には、一言「森」と答えておけばいい。でもこの答えは、知的好奇心旺盛な哀れな人々の助けにはならない。ＧＰＳのデータを手放さずに他人の役に立ちたいのであれば、こんな風に答えるべきだ。近くの森に行け。あなたが森と出会い、森があなたと出会う時、日常生活のあれこれは忘れて、森のリズムと周波を感じよう。森とあなたがひとつになるのだ。するとあなたの心は穏やかになり、脈が落ち着き、集中モードに入れる。鳥のコーラスに耳を澄まそう。森のエッセンスと、暗い色の土とほのかな花の香りが入り混じった匂いを嗅ごう。足の下の柔らかな、苔蒸した地面を感じよう。カタバミの葉を味わい、食欲が突然湧き上がるのを感じよう。目線を下げ、苔、地衣、シダ、葉といった複雑な緑の陰影のついた肥沃な林床に全集中力を傾けよう。きのこに焦点を合わせ、段々ズームしていこう。緑以外の色を持つものはあるだろうか？　私たちの方をそうっと見ている乾いた茶色い葉っぱや枝、モミの針葉の下に何か隠れている？

選択をするのは国だけでなく、私たちもだ。私たちも個人として選択するのだ。するとあらゆる選択の轍が残る。私たちはどんな轍を残すのだろう？　かつてイギリスの植民地だった国で育った私たちは、学校のカリキュラムで「オジマンディアス」という詩を読んだ。一八一七年から一八一八年への変わり目に、パーシー・ビッシュ・シェリーによって、オジマンディアスとしても知られるエジプトのラムセス二世について書かれたもので、時々、その詩を思い出す――

「わが名はオジマンディアス。王の中の王だ。全能の神よ、わが業を見よ、そして絶望せよ！」

砂の中に半分沈められた、壊れた王の像に刻まれていたのは、これらのわずかな言葉だけだった。栄誉と名声は儚いもので、最も固い素材で作られた石像も、時がたつにつれ、崩れ去る退屈な傾向にある。ビジネスの世界では価値の創造について話す。私たちがこの世から消える時に、残すのとは完全に異なる価値観だ。

エイオルフの場合、私たちのような彼に最も近しい度合の人間関係ではなく、最も親しいとはほど遠い多くの人たちとの人間関係も残された。彼の職場の食堂の女性がメモリアル・ブックに、エイオルフは〝食堂のおばさん〟なんかに話しかけてくれる数少ないひとりだったと書いていた。彼女はそのことに感謝していた。彼が死んでちょうど一年後、私は仕事の一環で、住宅プロジェクトの視察に行き、そこでエイオルフの建築家としてのプロジェクトのひとつに足を運ぶこととなった。案内係の人が、建築家とコラボレーションしたことに温かな口調で触れ、私がいるとは知らずに、エイオルフの名前を口に出した。思いがけずその名を耳にした私は、喉元に何かがつかえるのを感じた。建物という形あるものを遺せるのが、建築家の利点だ。建築家の思想や発想を内包した建物は凍った時をまとい、建築家本人が亡くなった後も長らく、感じることができる。エイオルフの建物を訪ねる度、私を抱きしめ、慰めてくれる。

私たちが死んだ後に残る評判や名声は、お金で買えるものでも石碑に永遠に彫って遺しておけるものでもない。それは私たちが周囲の人々と関わる中で日々、やっとの思いで築いていくものだ。エイオルフの同志への寛大さが、私をよき人の未亡人にしてくれた。彼がしたこと、または彼が言ったことについて、細々としたエピソードを聞くことで、いつも心が慰められた。いかにエイオルフが多くの人と付き合いがあったか、私は今でも驚かされる。子どもたちだってそうだ。エイオルフは子どもたちと一緒に絵を描き、また彼らのために絵を描いてやるのが好きだった。価値ある作品を遺すと、亡くなった後も、その人は作品とともに生き続ける。私はエイオルフについてのこれらの話を、美しいエメラルドみたいに大切にしまっておくのだ。

トガリアミガサタケ

——きのこ王国のダイヤモンド

初めのうちは、エイオルフが倒れただけでなぜ亡くなったのか、その理由を突き止めることに頭が一杯だった。彼が病気だったとしたら、なぜ気づかなかったんだろう？　私たちに何かできることはなかったんだろうか？　医師たちは何を見過ごしたの？　エイオルフの生命を奪ったまさにその病の専門家である知人が、診断書を調べてあげようかと言ってくれた。当初はできるだけ多くのことを知りたかったので、ありがたく受け入れた。でもすぐに興味を失ってしまった。知識があったところで、何にもならない。どこかの段階で手を打っていたら結果は違っていたのかもしれないが、そんな知識を得てもむなしいだけではないか？　エイオルフはすでに天に召されてしまったのだから。

私の個人的なランキング、トップ・ファイブの堂々一位に輝くのは、アミガサタケの一種、トガリアミガサタケ *Morchella conica* だ。「柄の上に鎮座した、乾いた脳」のようなこのきのこは、食欲をそそる見た目はしていない。でも、きのこ愛好家にとっては、この素晴らしいごちそうを手にする以上の喜びはない。ノルウェー語語源辞典には、'Spissmorkel'（トガリアミガサタケ）はアミガサタケ属のひとつで、見かけが人参に似ていることから、この名前がつけられた、と書かれている。属名の *Morchella* はオランダ語の 'morilhe' から来ているが、その言葉自体は古高ドイツ語で人参を意味する 'morhila' から来ている。

このトガリアミガサタケは、英語の口語表現で、'true morels'（真正アミガサタケ）と呼ばれている。オスロの地域愛好会のベテラン会員によれば、このきのこはめったに見つからないという。ある八十代の男性は、きのこ採集の長いキャリアの中で、森でトガリアミガサタケを見つけたのは、たった三回だけだと話す。きのこ愛好家の大半は、トガリアミガサタケを見つけたことはなく、ソーシャルメディアで他の人たちの発見に、「いいね」を押すことで満足してやり過ごしている。

私はといえば、高いお金を出して（お店で）買った市販品を味わったことがあるだけだ。いつか自分も森を歩き回って、無料でトガリアミガサタケを見つけられたら、とどれだけ憧れたことだろう。

ニューヨークでトガリアミガサタケ狩り

アメリカ人の友人Rは、食料庫に乾しトガリアミガサタケを保存している。きのこ自体はぴっちりと蓋をしたガラス瓶に入っているのに、食料庫を開けるとアミガサタケの魅惑的で力強いアロマにくらっとさせられる。トガリアミガサタケは香りが強烈で、全体的にどこか獣のような原始的なところがある。愛好会の会報誌「きのこと作物」にあったグロー・グルデン〔ノルウェーの菌類学者。元オスロ大学自然史博物館の館長およびオスロ大学教授〕教授の記事によれば、このきのこは一億三千万年前に発生し、恐竜と平和に暮らしていたのだから、それも不思議はない。この匂いを忘れていた人ですら、強い食欲をそそられる。Rはこの種を特別な機会に備え、保存している。そしてその機会が訪れるまでの間、食料庫を開ける度、この世のものとも思えないほど官能的な感覚を味わう。

シェフをしているある友人の話によると、彼が働くレストランで一番高価なメニューは、ビーフステーキのアミガサタケ添えであり、トガリアミガサタケを肉ひと切れに一本以上使ってはいけないと、厳しく指導されているという。トガリアミガサタケ一本のうち半分は細かく刻んでソースに使い、残りの半分はステーキの付け合わせにする。言い換えれば、料理の味を高めるのに、トガリアミガサタケは何キロも必要ない。高い食材だけれど、ディナーの味をワンランクアップするには、ほんの少量で十分だ。

自然が生命で満ちるのを知らせるファンファーレみたいに、トガリアミガサタケは春に顔を出す。私はアミガサタケが生える頃に、ニューヨークに住むRを訪ねたことがある。もう五月なのに、寒さが残っていた。咲いたばかりの桃色のマグノリアの花が、一週間か二週間早く咲いてしまったと言いながら震えているみたいに見えた。Rと私は十分に厚着をすると――躊躇いながらも専門家に聞いて、何とか教えてもらった――ハドソン川沿いの、アミガサタケが最も生えていそうな場所へと車を走らせた。車内ではどちらも何も話さなかったけれど、私たちは期待で胸を膨らませていた。ニューヨークでトガリアミガサタケを見つけられたら、どんなにいいだろう！　ちょっとした武勇伝になるに違いない。羨ましがる人々の顔が、目に浮かぶようだった。

森には枯れ葉と水気を含んだ細い小枝が一杯落ちていた。湿気が高い上、去年の落ち葉は滑りやすく、踏みしめる小道も少々ぬかるんでいた。こんなに朝早くに外を歩いている人は、ほとんどいなかった。さわやかな春の空気に、見慣れない木々や木の実から漂う森のアロマが満ちている。ふたりとも神経を研ぎ澄ませ、一言も発しなかった。こちらからは森の片側に駐めてある車も、もう一方にずらっと並ぶ住宅もよく見える。車の行き交う音や犬と飼い主の声などが聞こえてくるけれど、私たちはまぎれもなく森に――ニューヨークの真ん中にある都会の森にいるのだ。とはいえ、その感覚はノルウェーの森にいる時とはかけ離れていた。ノルウェーの森で人々は静寂を楽しみ、土壌の有機的成長と腐敗の匂いを感じる。一歩足を踏み入れたとたん、文明は記憶の彼方へと追いやられる。

「オランダニレ」とはどんな木なのかを調べるため、ふたりで文献やインターネットを検索した。ノルウェーとは違ってアメリカでは、トガリアミガサタケを見つける際には、オランダニレのような木の根本を探すそうだ。『きのこ狩人（ハンター）たち *The Mushroom Hunters*』の著者ラングドン・クックも、トガリアミガサタケとニレの木の関係性にまつわる、きのこ狩りの専門家の経験を綴っている。『アミガサタケ狩人の手帳 *A Morel Hunter's Companion*』の中で著者ナンシー・スミス・ウェーバーは、ニレの木々は特に重要だが、カエデ、ニレ、サクラ、それにセイヨウトネリコも生えているヨーロッパブナの森も、古典的なトガリアミガサタケの狩り場である、と書いている。さらにウェーバーの本によれば、森、公園、それに道にとってはニレの木々が枯れてしまったことは悲劇だけれど、アミガサタケ探求者にとってはそういった枯れ木のそばでこそ、トガリアミガサタケの発見を期待できるという。そのためミシガン州でニレの木を襲ったオランダニレ立枯病は、数年続いたトガリアミガサタケの大豊作につながった、とウェーバーは述べている。アミガサタケと特定の種類の樹木との関係が、アメリカのトガリアミガサタケ愛好者の骨の髄まで染みこんでいる一方、ノルウェーの共通認識によれば、このきのこは枯れた植物の上に生える腐生植物であり、特定の樹木とは関係がない。他国で通用するきのこにまつわる真実により、ノルウェーに暮らす私たちの先入観が露わになるのは、どんな時でも興味深い。

戸外で何時間か過ごした後、ハドソン川沿いの公園には、この肌寒い午前中に手に入るトガリアミガサタケはないと、残念ながら認めるしかなかった。今日の収穫は、オランダニレについて知ったことだけ。私たちは少し震えながら、空っぽのかごを手にアパートへ戻った。そばまで来ると、窓からは暖かな光が漏れているのが見えた。夢の発見を期待しつつ、新鮮な春の空気の中を歩き回った後、暖かいアパートに帰るのは格別だった。

せめてもの慰めに、Rが食料庫から出してきた乾しアミガサタケを、次は上手くいきますようにという祈りをこめ、振る舞ってくれることになった。帰宅してからは、紅茶で体全体を温め、新聞をめくりめくり、食事の相談をして過ごした。作れそうなレシピはないかとあれこれ調べ、検討していくうちに、自然と話題は以前見つけたきのこへと移っていった。

きのこ愛好家が自分の経験した最高のきのこ狩りを思い出して悦に入るのは、アメリカもノルウェーも同じだ。時に何十年もさかのぼり、その状況、日にち、場所、きのこの種類を並べ、歴史的発見について繰り返し話す。きのこをめぐる小話やよた話は尽きない。目の前にはあっという間に森が開け、大発見の情景や雰囲気が思い浮かぶ。

一番盛り上がるのは、やはり珍しいきのこを発見した時の話だ。ある種が「絶滅危惧種」と見なされていると思えば、また別の種は「国内では絶滅」している。珍しい上に深刻な絶滅の危機に瀕したきのこが発見された場合、きのこ界ではたちまち噂が広まる。このような発見の報告があれば、自分の目で確認する喜びのためだけに、人は何十キロメートルも離れた現場に出かけていく。ある知り合いはキチャワンタケ *Caloscypha fulgens* を見るために、総計六〇〇キロメートル車を運転して生息地へ行った。彼女は後にその体験をかいつまんで話すと、満足げに笑った。「きのこマニアには、このぐらい何てことないわ」。

私自身が最も劇的な発見をした地は——菌糸学への興味をかき立てたきのこだが——、ノルウェーではなくアメリカで、テルユライド・マッシュルーム・フェスティバルの最終日だった。かつてニューヨークのセントラルパークをともに回ったゲーリー・リンコフが、その日のきのこ狩りで見つけたきのこを全て、見直していた。私は疲れていたので、そばにあった大きな石に腰掛けた。ふと、その時砂利の下にあるふたつの白い、かなり大きなきのこが目に入った。摘んでみるとヤマドリタケに似ていたが、それにしては白すぎた。きのこを皆に見せるとリンコフが歓声を上げ、大喜びした。私の発見は菌類学上の事件であり、「学問のために」ひとつ分けてほしいと懇願された。幸い小さくてきれいな方が私の手元に残った。おそらく私が見つけたのはボレトゥス・バッロウシイ *Boletus barrousii* すなわち'white king bolete'（和名未詳　ハラタケの仲間）だ。何がすごかったのかというと、このきのこはこれまでテルユライドで発見されたことはなかった。私が発見するまでは、このきのこには当地の気候は厳し過ぎると言われていた。

「苗字は何ておっしゃるんですか？」

学会の責任者のひとりが聞いてきた。私はちょっと戸惑いつつも、彼の方を見返した。

「これが新種だと発覚したら、あなたにちなんだ名前をつけるんですよ。当然ね」

この発見はずいぶん興味深いものだったようで、リンコフによるフェスティバルの閉会スピーチで、発見者である私の名前とともに発表された。また数ヵ月後、ＤＮＡ解析の結果が明らかになった時には、連絡があると知らされた。いまだに連絡が来ていないところを見ると、私はボレトゥス・バッロウシイがコロラド州のテルユライドでも生えるという知識を増やすという点では貢献したのかもしれないが、学術的な新種の発見をしたわけではなさそうだった。

時折、きのこ愛好家の「通過儀礼」は、人生の重要な出来事に匹敵しうるという印象を受ける。トガリアミガサタケの発見は、通過儀礼に相当する出来事だ。そうしていよいよ野生のトガリアミガサタケの発見者たちが集う社交界にデビューすることになる。

Rと私は結局、由緒ある「ニューヨーク・タイムズ」に載っていたレシピ、‘Chicken la Tulipe’（チキン・ラ・チューリップ）を作ることにした。序文でジャーナリストが、このメニューは女性ゲストへのディナーにぴったりだと書いていた。恋愛は異性とするのが当たり前だった時代に書かれた記事なので、食べる人が男性か女性かによって、料理法も変えていたのだろう。とはいえ、レシピに罪はない。

まずオーブンを一八〇度に設定し、乾しトガリアミガサタケを大さじ二杯のコニャックに浸す。十五分たったらトガリアミガサタケをざるに取り、大さじ一杯のバターで五分炒める。コニャックは脇に置いておく。この料理がどのような味になるのか、すぐに想像がつく。絶対においしいに違いない。きのこを炒めた鍋に一〇〇ミリリットルの生クリームを加え、弱火で半量になるまで煮詰める。塩小さじ二分の一とカイエンペッパーを振りかける。次はチキンの番だ。チキンに大さじ一杯のバター、塩、それにコショウをすりこむ。炒めたトガリアミガサタケを丁寧にチキンに詰め、胸側を上にしてオーブンで二十分焼く。ひっくり返してさらに二十分焼くと、最後にもう一度ひっくり返して胸側を上にし、三十分焼く。肉汁が透明になったらチキンは完成だ。チキンをオーブンから出して休ませ、アミガサタケをチキンから取り出す。肉汁を小鍋に入れ、六〇ミリリットルの白ワイン、コニャック、チキンから取り出したアミガサタケ、そして五〇ミリリットルの生クリームを加える。沸騰させないように五分煮詰めると、素晴らしい味になる。チキンを八つに切り分け、テーブルに出す直前にアミガサタケソースをチキン全体に回しかける。テーブルマナーに厳しい人すら音を立てて食べ、指を舐（な）めたくなるソースだ。トガリアミガサタケはとてもおいしかった。でももしこれをハドソン川のほとりで、自分たちの手で見つけていたら、さらにおいしかったに違いない。

アミガサタケは子嚢菌門（しのうきんもん）に属している。つまりこのきのこは胞子を傘の下のひだや他の部分にでなく、子嚢内に形成する。それは地中にできるトリュフも同じだ。この事実を面白がるのは胞子がどのように拡散し、きのこがどのように繁殖するかによって種属を分類する、きのこ愛好家だけだ。トガリアミガサタケとトリュフは、値段でも分かるように大変珍重されるきのこであり、ほとんどの人がこの二種類を知っている。ノルウェー語語源辞典によると、‘trøfler’（トロフレー）はフランス語の‘truffe’（トリュフ）をノルウェー語に書き換えたものである。‘truffe’はプロヴァンス語をへてさかのぼれば、「塊茎」や「腫瘍」といった意味を持つラテン語の‘tuber’にたどり着く。地中のトリュフの塊茎はトレーニングを積んだトリュフ豚あるいはトリュフ犬が地面を嗅いで探す。一般的な黒トリュフに時には三万クローネ〔約三十八万円〕の値がつく一方で、高級な白トリュフには、一キロ八万クローネ〔約百二万円〕もの値がつくことも。黒トリュフを黄金にたとえるなら、白トリュフはダイヤモンドだ。値段を見れば、チーズスライサーによく似た鋭い刃のトリュフスライサーを使って、一ミリほどの薄さにスライスするのも納得がいく。厨房で魔法の杖を振るには、白トリュフがひとり当たり十グラムあれば十分だと、有名なシェフが書いていたのをどこかで読んだことがある。

乾しトガリアミガサタケの値段はそれよりはずっと手頃で、一キロたった四千クローネ〔約五万円〕で購入できる。ゆっくりと炒めた本物のトガリアミガサタケを味わったことがあれば、どうしてこれほど高価なのか分かるはずだ。バター、シェリー酒、それに生クリームの中でポッポッと音を立てているトガリアミガサタケの匂いが広がれば、別の部屋にいる者も台所に飛んでくる。トガリアミガサタケを初めて食べたある友人は、このきのこを〝konfekt（コンフェクト）〟（スイーツ）と呼んだ。それはともかく、計量の単位としてキログラムの代わりにグラムを使いはじめる時は、ドラッグか高価なきのこのどちらかを扱っていると思って間違いない。

北米ではトガリアミガサタケに特化したコンテストやフェスティバルが開催される。その年初めての、あるいは一番大きなトガリアミガサタケを見つけたのは、誰か？　一番多く見つけたのは？　その年のトガリアミガサタケ・チャンピオンの王座は誰の手に？　トガリアミガサタケの緩やかだけれども、確かな発生を追跡する、北米全土を網羅した電子地図もある。ミシガン州はトガリアミガサタケのメッカだ。この地方に大した催しがない時期に大勢の観光客を惹き寄せてくれるので、このきのこは州にとっての金の卵だ。ニューヨークではニューヨーク菌類学会が毎年、会員のためにトガリアミガサタケ・ツアーを企画する。他の季節にも名目程度の参加費を取って、非会員を対象にきのこ狩りを開催するけれど、基本的にはその目的はトガリアミガサタケではない。春の一番の冒険（クエスト）は会員のためだけに取っておいてある。私の友人Rは何度かアミガサタケツアーに参加しているが、大した収穫もなく終わってしまうのが普通で、通常は何も見つからない。けれどもこのツアーは、会員の誰かが自宅でディナーを振る舞って終了するのが恒例なので、社交でその分を埋めあわせ、同時にその年のきのこシーズンのはじまりを告げる。

ニューヨークに着いた夜、エイオルフの夢を見た。私たちは何人かの友人と、古風（レトロ）な遊園地にいた。何かに一瞬、気をとられた後、すぐにもう一度振り返ってみるとエイオルフの姿は消えていた。

一瞬で姿を消し、私たちが園内を走り回って名前を呼んでも、見つからなかった。私たちは戸惑い、失望した。それでも私は夢を見たことを喜び、その後、彼の夢を見る度、うれしくなった。私に元気かと声をかけるために、ちょっと立ち寄ってもらえたような気がした。夫がニューヨークに現れたことで、友人も喜んでくれた。エイオルフは亡くなってしまった。でも皆の心の中では、今も生きている。友人は皆、彼が不思議な方法で、仲間に加わっているのを知っている。そばにはいなくても、完全にいなくなったわけではない。私はいつだってエイオルフを見つけることができる。たとえニューヨークにいても。

ファッショナブルなアミガサタケ

トガリアミガサタケは隠れんぼの名人だ。ベージュ、茶色、灰色や黒といった色をしていて、同系色の古い小枝、苔、草や落ち葉の広がる冬の景観の中では、ほとんど目立たない。光が射す日には、谷底を歩いていてふと見上げた時が、きのこの輪郭を一番捉えやすい。トガリアミガサタケはまとまって生えることが多いため、ひとつ見つけたらそこで立ち止まって周囲をよく見渡してみるといい。どこにでもある枯れ葉をよく調べてみるのも、よい方法だ。トガリアミガサタケは、よくそういった枯れ葉の中から顔を出している。実際には他のきのこを狩る時と同じように神経を研ぎ澄ませ、目を皿のようにしてよく調べる。

園芸店が花壇に敷くバークチップを輸入しはじめたことで、トガリアミガサタケのノルウェーでの生育条件は大きく変わった。今日ではバークチップの敷かれた個人の庭や、公園の花壇、道路の中央分離帯、スキーのジャンプ台やスキー場でさえトガリアミガサタケを見つけられるようになった。それはトガリアミガサタケがどこにでもあるという意味ではないけれど、少なくともチャンスは広がっている。

きのこを擬人化するなんて馬鹿げているのは分かっている。けれどもついきのこのことを、日常生活に当てはめて考えてしまう。特にアミガサタケは見つけるのが難しいので、私たちと隠れんぼをしているようだ。森の中で半日かけてきのこを探した後に、結局は車のすぐそばに生えていたといったことも、一度や二度ではない。彼らにようやく会えた時には、何だか彼らがくすくす笑うのが聞こえてくるようだ。きのこの目からは、私たちが見つけるのが上手くもなければ賢くもないのが丸見えだろう。

きのこ狩りに出かけるとあまりにも多くの要因によって状況が変わるため、つい迷信深くなってしまう。また、いつもなら合理的な人がきのこ運に「見放される」ことのないように、わざと車の後部座席から一番小さなかごを取り出すのを目にしてきた。時には用意がわずかなほどきのこ運は大きくなると期待して、かごなんて持たずに行くこともある。あえて手にはかごを持たないで、目

トガリアミガサタケ
Morchella conica

の届く範囲に珍重されるきのこが生える原野に行き当たった日には、迷信深くなるのも当然だろう。最初のトガリアミガサタケを見つけるまでには、何年もかかった。友人Kがある時、グリューネロッカ地区〔主都オスロ郊外にある高級住宅街〕のある花壇でトガリアミガサタケにつまずいたと話してくれた。私は思わず耳を澄ませたのを覚えている。オスロの流行りの一画、グリューネロッカに生えるなんて、ずいぶん都会的なアミガサタケだ！　Kは、そのアミガサタケは都会の塵や埃、または排気ガスに「まみれている」と思ったため、摘まなかったという。

「トガリアミガサタケがあるなら、私だったらそんな区別はしないわ」

彼に言った。

強い関心があるのを表に出さないようにしたつもりだったが、少し早口になり、熱がこもってしまったのかもしれない。心の中ではアミガサタケのカオスが渦巻いていた。様々な感情がぶつかり合う。

「今からちょっと見にくる？」という言葉に、大喜びで従った。

リュックサックの中には買ったばかりのアスパラガスが入っている。アミガサタケとアスパラガスは、本物の美食家にはたまらない春のごちそうだ。幸い、すぐにでもアミガサタケ・ツアーに出る準備はできていた。

Kはその場所に連れていってくれた。初めは何も面白いものなど見えなかった。実際、アミガサタケ狩りの時には、きのこに合わせて視点を変える必要がある。私はKに指で指してもらって、初めてアミガサタケに気がついた。それは素晴らしい瞬間だった。口に手を当てたまま自分が歓声を上げられる、あるいは、声にならないムンクの叫びができるなんて、これまで思いもしなかった。魔性のきのこと呼べるきのこがあるとしたら、トガリアミガサタケをおいて他にない。それはほんの一握りの人々だけがきのこより賜る陶酔感だ。こうして私は首都の中心部に、トガリアミガサタケの生える秘密の場所を見つけた。

シャグマアミガサタケ――きのこ王国のはみ出し者

本物のアミガサタケもあれば、偽物（にせもの）もある。「偽のアミガサタケ」とはひとつのきのこの種類ではなく、シャグマアミガサタケ属、ノボリリュウ属およびテンガイカブリ属の中の、数種類を指す総称だ。きのこ鑑定士試験コースの中には、悪名高いシャグマアミガサタケ *Gyromitra esculenta* に関する講習もある。これは規格リストによれば猛毒と定義されているきのこだ。トガリアミガサタケが珍しい一方で、シャグマアミガサタケは割合よくあるきのこだ。特にバークチップの敷いてある、ライトアップされた森の小道沿いに生えている。きのこ講座で私たちは、シャグマアミガサタケに含まれる毒が不妊症をもたらす可能性があること、またロケット燃料と同じ物質が含まれていることを学んだ。この事実は、講座の新入りに、特に強い印象を与える。シャグマアミガサタケの毒性物質は、発がん性があることでも知られている。言うまでもなく食べものにはならない。きのこの授業でシャグマアミガサタケの毒は様々な「化学分解生成物」を通して神経系を攻撃すると学んだ。保健機関によればこの春きのこを少量食べただけでも、五から八時間後に「全体的な体調不良および頭痛」が起こりうる。大量に食べると、「肝臓、腎臓および赤血球」が損傷する可能性がある。

それもあって、きのこ界の新入りだった私は、古参会員の何人かがシャグマアミガサタケの話題が出てくると話を逸らすので、どことなくいぶかしく思っていた。何かを隠しているような気がした。

彼らは真実を全て明かしてはくれないのだろうか？　何かを隠しているのだろうか？　後ろめたそうな目をしていなかっただろうか？

古本屋、または休暇用の別荘の埃っぽい本棚にある古いきのこ本を開くと、シャグマアミガサタケのそばにはふたつの十字架と三つの星が並んでいるのが分かる。ふたつの十字架は「猛毒」、三つ星は「大変美味」を意味している。十字架と星の間にある小さな丸は、「湯通しの後」を意味する。つまり一部の古いきのこ本によれば、シャグマアミガサタケは猛毒だけれど、正しく調理をすれば、すごくおいしい食べものに変身する。おそらく、ラテン語で食用を意味する‘esculenta’が学名につけられている理由はこれだろう。

シェフをしているある友人が、ノルウェーでは一九六三年までレストランのお客さんたちにシャグマアミガサタケを調理して出していて、シャグマアミガサタケが「食用」から「有毒」へと定義が変更されたため禁止されたと話してくれた。当時どこか他の国で、湯通しせずに食べたことによる死亡が記録されたため、再分類されたそうだ。

「シャグマアミガサタケの正しい取り扱い方法があったとしたら、どういうものだったの?」

何人かに個人的に聞いてみた。分かっているのは、それがデリケートな話題ということだけだ。結局明らかになったのは、この話題については多くの人々が異なる意見と、強い想いを抱いているということだった。

今まで、いわゆるきのこの毒抜きという言葉は聞いたことがなかったので、私は耳をそばだてた。きのこの「毒抜き」をしたことがある人々は皆、シャグマアミガサタケを湯通しするのは大事だと口をそろえて言う。ギロミトリンという毒物は不安定物質で水に溶ける。できるだけ戸外でする方がよいけれど、屋内で作業する時には台所の換気扇が最大限に稼働しているように注意しなければならない。どのくらい長い間湯通しするのか、また何回くらい繰り返すのかに関しては、意見が分かれるようだ。でも二度以上はしなければならないという点と、その湯通ししたお湯はソースやシチューには使わず、捨てなければならないという点では一致していた。私から見て、この手順は随分、厄介だ。さらに湯通しだけでは終わらず、その後にシャグマアミガサタケを乾かして、できれば数週間、数ヵ月または数年寝かしておかなければならない。ここでどのくらい待たなければならないのかについても、様々な回答を得た。いずれにしてもきのこマニアの中にいれば、その何人かは毒性を取り除いてしまえる、もしくは少なくとも大部分は取り除けるということを期待して、複雑な事前準備をしているということは理解できる。この物議をかもすきのこをどのくらいの量食べることができるのか、どの程度の頻度で、どの程度の期間食べても大丈夫なのかは様々な説があり、定かではない。誤解を招くことのないよう補足すると、「毎年」シャグマアミガサタケをおいしく食べていたが、突然具合が悪くなった人の話も聞いたことがある。それは毒物が身体に蓄積されて、ある日突然身体の機能にストップをかけたかのようだ。規格リストに反抗し、シャグマアミガサタケを食べることにした人々は、皆そのリスクを取ったのだ。

シャグマアミガサタケが食べられるかどうかは、あっという間に議論が白熱するソーシャルメディアの話題だ。特に他のスカンディナヴィア人が入ってくるとそうなる。きのこ界に入ったばかりの人がいたら、議論の激しさ、容赦のなさにショックを受けるかもしれない。普段は冷静な国民が、シャグマアミガサタケが食べられるかどうかでは興奮する。このきのこがノルウェーでは公的には毒物である一方で、スウェーデンでは店で買うこともでき、また高級なレストランで食べることもできる。フィンランドでは特に考えることもなくシャグマアミガサタケを食べていて、「とてもおいしいよ」で済ませる。前にフィンランドから、あるプレゼントをもらったことがある。それは規則のどれかに従って取り扱った乾しシャグマアミガサタケで、ガラス瓶に入っていた。このプレゼントが未開封のまま食料品棚に入っていることは、認めるしかない。ある一点だけは確かだ。きのこ鑑定会できのこ専門家がシャグマアミガサタケを受け取ったら、何のためらいもなく全て捨ててしまう。

ただしどれだけ熟練のきのこ専門家であろうと、おのおのがきのこ管理人帽をかぶっていない時に何を食べているかはまた別の話である。

ある年の五月十七日〔ノルウェーの憲法記念日〕、規格リストの最も厳格な信奉者と一般的には言われている人々でさえも、あの儀式的な正しい取り扱い法に印をつけて、シャグマアミガサタケを食べていることが確認できた。五月十七日の豪華なランチの後、いよいよ動き出す時が来た。シャグマアミガサタケ狩りの時間だ！　このために年輩のシャグマアミガサタケ愛好家たちの好む、刺繍飾りの五月十七日の特別な民族衣装はやめて、実用的で温かなアウトドアウェアを着てきた。誰もがポートワインソースをかけたシャグマアミガサタケの夜食を期待していた。憲法記念日のお祝いも、シャグマアミガサタケ愛好家兼グルメの手に掛かれば週末の催しへと変わる。

「私たちはあきらめて何もやらずにいるには、年を取りすぎたのさ」

彼らのうちのひとりが、楽しそうな口調で言った。

「私の場合、これを妊娠可能な年齢にある若者にごちそうすることは決してないよ。何か大変なことが起こらないようにね」

別のひとりもつけ加えた。

「私たちは五月十七日にしかこれを食べないんだ。一年に一回だよ」

またある人は満面の笑みを浮かべて言った。

私は自分の耳が信じられなかった。

この出来事は、人は必ずしも自分たちが実際にやっていることを話すわけではないという、基本的な人類学上の説を体現している。私はかなりびっくりしていた。それは、専門家がわざわざ予期されたリスクを負い、一般人としてシャグマアミガサタケを食べるだろうとは予想もしていなかったからだと思う。彼らはおそらく、生徒を乗せずに自分で運転する時には制限速度をオーバーしてしまう自動車学校の教師に匹敵するだろう。私はきのこ専門家を偉人のように崇めていたが、彼らも人の子なのだと気がついた。

五感への働きかけ

その小道は細く、乾燥していた。最近親しくなったBと私は、島を行くあてもなくうろうろしていた。背後にはカウボーイ映画にでも出てきそうな砂煙が立っている。インディアンの襲撃はなくてもきのこ狩人にとっては、これはよい前兆とは言えない。日差しは強くてきつい。最近本土に雨が降ったが、その時この島には降らなかったのだろうか？　きのこを探しはじめるのにどこがよいのか、どちらも決めることができなかった。狭い海峡を渡るため、Bがケーブルフェリーのハンドルを回す中、興味津々で、空っぽだけど期待だけは詰まった私たちのきのこかごを眺める、気のよさそうな島の人々とのおしゃべりがはじまった。いや、きのこなんてあの島で見つかったことはないよと彼らは言った。でも人々の悲観的な予想はさておいて、探検を続けることにした。

ふたりの前に突然現れたのは、薄暗くどこか秘密めいた森へと続く道だった。この小道を進むべき？　土壌の痩せた砂利道だったが、何かが見つかるような気がした。最近降った雨を思えば、この土壌がある程度の湿度を保っていることは、想像がつく。どちらにしても日なたから木陰に入っていくのは心地よかった。また涼し気な森の木漏れ日にもすぐに目が慣れた。まだらに揺れる光のパッチワークの世界をただぶらぶら歩き回ってみたい誘惑に駆られる。けれども気持ちを引き締め直し、森の土壌にじっと目をこらす。

間もなく、新米講師の私の目があるきのこを捉えた。最近見分けられるようになったばかりの、ヒカゲウラベニタケ *Clitopilus prunulus* だ。珍味のひとつ。頭の中で先生の声がする――鉛白の傘、桃色がかっていることもある、根本まで続くひだ、そして、特に重要なのは湿った小麦粉のような匂い。とてもおいしい一品だけれど、いくつか危険なドッペルゲンガーがいる。だから目の前のきのこを鑑定できることが重要だ。この森の中で、いくつものヒカゲウラベニタケの群生を見つけた。きれいなのを一本摘んで、Bに渡す。

「匂いを嗅いでみて！」

私は満足してそう言いながら、きのこをひっくり返し、淡い金色の傘の裏側を見せながら、Bの方に突き出した。彼は背筋を伸ばすと、熱心にひだの匂いを嗅いで、だまりこんだ。

「どんな匂いがする？」

ちょっとドキドキしながら、聞いてみる。Bは湿った小麦粉の匂いだと特定できるだろうか。

「そんなの言いたくないよ」

Bは言った。Bの顔が赤くなり、視線がうろうろしはじめた。戸惑い、きのこをどうしたらいいか困っている様子だった。

沈黙の長い数分間が過ぎた。彼は赤毛で白い肌をしているため、赤くなったのを隠すのは難しいのだろう。やれやれ。どちらにとっても何だか気まずいムードだ。答えは簡単で明白で、きのこに興味をもってもらえるきっかけになると考えたのだ。私はその日、賢いきのこ伝道者に見えるような帽子をかぶってきていた。目的は彼にきのこを押しつけることではなく、春の道沿いに顔を出しているきのこを、自分で見つけてもらうことだった。

ヒカゲウラベニタケの匂いについて実際にはどう思ったのか、気安く話せるほど私たちは親しくなっていたわけではなかったし、私もそれ以上は尋ねなかった。さらに雰囲気を壊す必要はない。どちらにしても彼が感じたのは、湿った小麦粉の匂いではないのは確かだった。

全ての感覚をリンクさせる

先生は私たちコース履修者に、ベニタケ属のきのこがあった場合食べられるかどうかを決める一番確実な方法は、ちょっと味見をすることだと話した。そのためにはもちろん、ベニタケ属のきのこを自分で見分けられなければならない。ひとつの分かりやすい手がかりは、根本が砕けやすいこと。反対に他のきのこはその部分が少々繊維質だ。手に持っているのが確実にベニタケ属ならば、舌の先に少し乗せて味見をすればいい。燃えるような痛みが走るなら、それは食用ではなくおそらく軽い毒性を持つ。その一方で味がマイルドなベニタケ属のきのこは、全て食べることができる。味はどうあれ、毒見をしたきのこは、全て吐き出さなくてはならない。ちょうど、きのこは生で食べるべきではないと習ったばかりだ。けれども先生がベニタケ属のきのこの味見の後でも生きているのを見て、間もなくクラス全員が参加した。痛みが走るようなベニタケ属のきのこの味、この感じはすぐ覚えることができる。チリペッパー、セイヨウワサビ、またはワサビのような味だ。ヒリヒリ、ピリッとした刺激があり、口の中がたちまち燃えるような感覚で満たされる。

きのこを特定する時には食感と歯ごたえも重要な特徴だ。きのこの傘はベルベットのように柔らかかったり、粘り気があってグミのようだったり、なめらかだったり、でこぼこしていたり、ドライか、あるいはベタベタしていてゴミや木の皮がくっついていたりする。きのこの柄はたとえば短くて硬かったり、薄かったり、中が空洞になっていたり、なめらかだったり、毛が生えていたり、粉を吹いていたり、「柔毛（にこげ）に覆われて」いたりする。「柔毛」とは短い毛のような突起物だ。私は後から、きのこの特徴を表現する特殊な語彙があることに気がついた。最初の授業で取ったノートには、通常、庭や公園に生えてくるササクレヒトヨタケ *Coprinus comatus* にはいわゆる柔毛があると書いてある。

その後きのこの柄は「触ると毛が手にくっつく」か、触ると身がぱらぱらとはがれ落ちる「もろい状態」のどちらかであると学んだ。何か塗料を塗りたてのものに触るように。アガリクス・アウグストゥスはその一例だ。きのこによってはその「柔毛」が大変厚く、クリームチーズを塗るようにナイフで伸ばせると、大げさな物の言い方を好む人たちは言う。柄は網状になっているか、または網目模様で覆われている。ヤマドリタケモドキの学名は *Boletus reticulatus* で、まさに柄が網目模様だからだ〔reticulatus は「網目状の」という意味〕。この新しい分野に腰をすえたからには、きのこ愛好家がしょっちゅう使う、多くのちんぷんかんぷんな用語をもちろん覚えなければならなかった。大変な労力に思える。

おかしいと思われるかもしれないが、きのこの種の判別に聴覚を用いることもある。そう聞いた人が詩人なら、「きのこが一体どうして歌うんだろう」と思うかもしれない。また別の人は、「きのこから音がするの?」と聞くのではないだろうか。それは仏教の問答に通じるものがある。片手で拍手したら、どんな音がするか? 表面に細かい穴が空いているのを特徴とするコショウイグチ *Chalciporus piperatus* には四〜六・六センチの黄色い柄がついていて、突然ポン! という小さな音を立てることがある。菌類の発する一種のシャンパンのコルクを開けるみたいな音。きのこが歌うのを聴きたければ、聴覚を用いることだ。

私たちが食べものを食べ、味わっている時にその感覚の中心にあるのは嗅覚だ。一部の研究者はものを食べる全感覚の七五〜九五パーセントは匂いが占めると判断している。匂いがなければコーヒーは単なる黒くて苦い水に過ぎない——コーヒーを飲むほとんどの人々にとってはおかしな考え方だろう。エイオルフが亡くなった後にコーヒーを飲みはじめた私にとってもそれは同じである。風邪などにより嗅覚を失った時には、食べものは「何の」味もしない。いや、正確に言えば塩味、甘味、苦味、酸味または旨味といった五味のうち、ひとつの味しかしない。umami(ウマミ)とはノルウェー国語審議会により一九九七年に登録された新語だが、人によっては何だろうと思うかもしれない。専門家は旨味とは酵素タンパク質の味だと言うが、その道に長けていない人は、熟成チーズ、熟成肉、ブイヨン、干した海藻類やきのこを思い浮かべてみると分かりやすいだろう。これらの食品は乾したり、塩干ししたり、発酵させたりすればするほど、旨味が凝縮される。旨味とは熟成された、長期保存の効く、なめらかで、芳醇で、官能的で複雑な味であり、チーズや熟成肉など少し食べたら止まらなくなる。研究によれば旨味豊かな食材をふたつ組み合わせると、まさに「旨味爆弾」になるという。1＋1が3になる。私はある高級なディナーの招待を受け、前菜としてとてもおいしいきのこマリネをいただいた時、それを経験できた。ヤマドリタケ、エノキタケ、シイタケのハーブマリネの上にヴェステルボッテンチーズをすりおろしたものが掛けられていた。ヴェステルボッテンチーズはスウェーデン版パルメザンチーズであり、濃厚で複雑な味わいだ。この優美な前菜では、西洋と東洋の旨味が見事に融合していた。食べものに簡単に特別な風味を与えるには、旨味を少しプラスすればいい。そうすれば、昨夜のディナーの残りが、魔法のようにおいしく生まれ変わる。インスタントなら、乾しきのこが一番だ。

五感を全て動員させて、きのこの種判別をする時でも、嗅覚は別格だ。初心者講座の先生はどうやって嗅覚で情報を得るのか、実演してみせた。彼がきのこの傘の裏側に鼻を突っこみ、音を立てて匂いを嗅いで見せたので、おかしいなと思った。これは本当に必要なのだろうか。肺に微細な胞子を吸いこむ危険はないのだろうか？　胞子は空気によって広がり、環境が好ましければそこに着床する。肺の中にきのこが生えるのは、あまりよいことだとは思えない。一般的なきのこ課程を学んでいく間に、グループ内でいくつものきのこが回された。履修者たちは皆ためらいなくきのこの匂いを嗅ぐ。心配していたのは、明らかに私だけだった。

匂いの課題に取り組み、自分の能力を最大限使ってきのこを嗅ぎ分けた。様々な匂いを描写しようとするが、この試みが上手くいったとは言えない。私たちは匂いを具体的かつ物理的に感じているが、いざそれを言葉にしようとすると、間接的な表現になる。「……の匂いのよう」と言っている。先生たちの方からは、様々な言葉が繰り返し提案される。「あんず」、「じゃがいも」、「小麦粉」、「湿った雑巾」、「地下室」、「のみの市」、「大根」などなど。先生の主張によれば、きのこの匂いは時として目をつぶったまま種判別できるほど独特なのだそうだ。きのこにはどれも独特のはっきりした匂いがあり、ほぼ指紋と同じレベルで個体差を示す。私にとっては、それはサーカスの曲芸のように響く。初心者だった私は、それまできのこと関連づけたことのなかったアロマを連続で体験していた。アガリクス・アウグストゥスのビターアーモンドのアロマを一度嗅いだら、その香りを忘れるのは難しい。同様に、理由は真逆だがスッポンタケの腐った死骸のようなどこか甘い悪臭を一度嗅いだ人は、なかなか忘れることができない。

先生は、たとえばアンズタケとヒロハアンズタケ *Hygrophoropsis aurantiaca* の重要な違いは、匂いだと話していた。ヒロハアンズタケには匂いがない一方で、専門家によればアンズタケは、あんずの匂いがする。私は多くのアンズタケの匂いを嗅いできた。まあかなりの想像力を働かせれば、ためらいはあるにしろ、このきのこがあんずの匂いがすることに納得できるだろう。また熱心で経験の浅いきのこ信奉者であれば、つい想像力を働かせがちだ。けれども私は、このアンズタケから本当にあんずの匂いを嗅ぎとっているのだろうか？　それとも経験豊かなきのこ愛好者たちや分厚いきのこ本がそう主張しているから、あんずの匂いがしていると自分でも思いこんでいるのだろうか？　きのこに対して情熱を抱く人々と専門家の間の力関係はアンバランスだ。そこに期待の心理学が働くと、菌糸類学の生徒は疑う余地もなく、専門家の言う通りの匂いを感じていると思いこむ。最近、「自発性異嗅症（Phantosmi）」という言葉を覚えたが、これは「匂いを想像する」という意味だ。アンズタケの匂いを嗅ぐ時、何かの匂いを感じ取っていることは疑いようもない。でも何の匂いだろう？

匂いの問題は私を苦しめる。きのこの匂いを表現するよりも、見かけを表現する方がずっと簡単だと思う。視覚による理解は「統合的」である一方、嗅覚は「分析的」だ。つまり人間の目は赤と緑の光の信号を同時に受け取ると、それを一つの信号として認識する。その信号は、「黄色」という独特の名を持つ。しかし匂いを嗅ぐと起こるのは上記とは別の現象だ。鼻は匂いの多種多様な構成要素を記録する。集められた印象とは、個別の匂いのモザイクなのである。組み合わされた個別の匂いは分析され、脳のアーカイヴにある別の匂いと比較される。多くの場合、その匂いを表す合成語はない。それを読んだ時、いわゆる「アハ体験」で、めまいがしそうになった。問題の核心に近づいたのだろうか？

匂いについてさらにグーグルで検索すると、嗅覚は視覚よりも個人的な違いが大きいとも書いてある。日常的な身体の健康が嗅覚に影響を与える可能性がある。他の同年代の人々と比較して、十～四十分の一の薄い匂いを嗅ぎ分けられる人もいる。個人の嗅覚は、物質により様々に変化する。言い換えれば一部の匂いに対しては、他の匂いに対しては起こらない「嗅覚麻痺」が起こりうるのである。有名な例は、アスパラガスを食べた後の尿の匂いだ。一部の人々が硫黄、ガソリンや金属臭を尿から感じ取る一方で、他の人々は何も感じない。'MushroomExpert.com' の菌類学者マイケル・クオは、自分は一部のマッシュルームからフェノール臭を嗅ぎ取るのがひどく苦手であり、同時に他の種類から漂う小麦粉の匂いには何メートル離れていても感じ取るほど敏感である、と書いている。そんな事柄すらも私は魅力的だと思う。通常私は他の人々よりも嗅覚が鈍いが、きのこの匂いの嗅ぎ分けに関するこの問題は、悲しみにくれているこの日々の状態によるものなのだろうか？

誰しも周りの誰かを、その人がどういう匂いがするかと関連づけて覚えることができる。逸話によればナポレオンは、ある成功した行軍の後、自分の愛人にこんな手紙をしたためたという。「体を洗わないように。私は帰途についているから！」

匂いは否定的（ネガティブ）であれ肯定的（ポジティブ）であれ、周囲の人々に対して持つ印象を強める。自分の知っている人々がどんな匂いなのかを表現することは難しく、ある特定の匂いをそれぞれと関連づける方が、ずっと簡単だ。自分が長い間嗅いでいなかった匂いを感じ取った時、どれだけ易々と感覚が時を飛び越えるか考えてみればいい。同じ匂いを嗅いでいた時へと、あっという間に「引き戻されて」しまう。ある知り合いは、父親の死から四十年以上経過しても、父親の机を日々使っている。少々特別なのは、彼がその机の引き出しを掃除しないことだ。彼は、何かの折にその引き出しを開けると、相変わらず自分の父親の匂いを感じることができるのだと話してくれた。それはある意味、彼の父親が生きていた時代のタイムカプセルのようなものだ。

私は知り合いが羨ましくなり、エイオルフの品々を入れておいて香りを感じることができるような引き出しが、自分にはないことが悲しくなった。ただひとつ思いつくとすれば、カカオとチョコレートの芳香（フレーバー）が同時に漂うデンマークのマックバレン社のパイプ煙草、‘Amphora’（アンホーラ）だ。この香りはいつでも、エイオルフがパイプを吸っていた大学時代へと私を連れ戻してくれる。

きのこ愛好家はきのこの匂いをどのように描写するのだろう？　最近のきのこの本を読むと、シンプルで短い描写が目につくが、古い文献には冗長な説明が多い。ある古いデンマークのきのこの本では、シロヌメリカラカサタケ *Limacella illinita* についてこのように書かれている。「弱臭で、まず小麦粉の匂いと漠然とした大地の匂いがし、底流にはメンソールやテレビン油の匂いが漂う。そこに吊した肉、鶏小屋、びしょぬれの犬、汗、汚れた洗濯物、さらに清掃していない公衆便所のような嫌な匂いも加わる」

さらにノルウェーのきのこ文献では、きのこの匂いを表現するのに「快い」もしくは「不快な」といった用語を使うことが少なくない。味と同じように匂いは人によって感じ方が様々なのだから、それはおかしいと思う。たとえばきのこ仲間のひとりは、ムラサキシメジ *Lepista nuda* はよい匂いだと言う。一部の人はムラサキシメジの匂いは甘ったるいと評する。私はこの匂いは焼けたゴムのようだと思うし、このきのこは好きではない。初期の菌糸類学の先生はムラサキシメジの匂いを「ゴム長靴を履いたサナソール〔ノルウェーのビタミン補給飲料〕」のようだと描写した。

だからこそ私はポール・プリンズが一九八〇年代にデンマークで実施した簡単な嗅覚実験につい

て読んだ時、とてもうれしくなった。彼は様々な種類のきのこをひとつひとつ紙に包み、皆に嗅いでもらった。まず参加者に、匂いがよいか悪いかを判断するように頼んだ。その後、その匂いを表現してもらう。彼は参加者の日常的な先入観を避けるため、あまり知られていないきのこを使った。ポール・プリンズがデンマーク菌糸類学奨励愛好会の会報誌で発表した実験結果は、非常に説得力があった。

実験は数年続けられたが、何人参加したかは記事に書かれていなかった。それが何人であったにしろ、結論は、匂いの好みにはかなり個人差があるというものだった。全く同じきのこなのに、反応は真逆のことも多々ある。

主観的な描写の問題点で明らかなのは、嗅覚が年齢、常用薬、また女性の場合、妊娠しているかどうかによっても変わってくるということだった。最も経験豊かなきのこ愛好家は、嗅覚はきのこ狩りシーズンに入るとよくなるとも述べている。中には、嗅覚は冬の数ヵ月間は心なしか鈍くなる一方、きのこの数が増え、生長するにつれ、どんどん鋭くなっていくという人もいる。

さらに匂いとは個人的なだけでなく、文化的なものでもある。私たちの国は社会的に、ある種の匂いを他よりも好む。各国の香水販売に関するトップ・テンを見ると、最もよい香りと感じられるものについては、明確な傾向がある。シャネルNo.5はフランスではトップの座についていて、そして何年もそのままだが、一方でアメリカではリストのトップに来たことがない。昔話したことのある香りの専門家（アロマコロジスト）によると、人々がどのような香りを最も好むかに関しては文化が大きな意味を持つ。ドイツ人は松の匂いを好み、フランス人は花の香りを好み、日本人が繊細な香りに惹（ひ）かれる一方で、

きのこ	匂いについての 参加者の意見	匂いの特徴
ナガエノスギタケ *Hebeloma radicosum*	よい 75% 悪い 25%	マジパン、アーモンド、防虫剤、チョコレートケーキ、ネスカフェ
ササクレキヌハダトマヤタケ *Inocybe hirtella*	よい 75% 悪い 25%	アーモンドエッセンス、大根、マジパン
（和名未詳　ハラタケ目フウセンタケ科） *Cortinarius rheubarbarinus*	よい 50% 悪い 50%	大根、クローヴがそこはかとなく漂うガスのような匂い、洋梨、新鮮で甘ったるい
クサハツ *Russula foetens*	よい 40% 悪い 40% 匂いがない 20%	甘ったるい、蜂蜜、メロン、苺、プール、塩素、アーモンド、濡れた黒板消し用スポンジ
オオウスムラサキフウセンタケ *Cortinarius traganus*	よい 20% 悪い 70% よくも悪くもない 10%	石鹸、金属臭、ゴム、フルーティー、嫌な息の臭い、プラムのコンポート

北米大陸の人々は「はっきりした松の匂い」のような力強い匂いに惹かれる。その香りの専門家（アロマコロジスト）によれば、南米大陸の人々は北米大陸の人々よりもさらに力強い香りを好むそうだ。たとえばベネズエラでは床磨き用の洗剤には、北米大陸市場用の製品と比較して十倍の松の芳香成分が含まれている。

国民性の違いはメニューにも表れている。アイスランド人が漬物にして発酵させたサメや、燻製の際に羊の糞を藁に混ぜて用いる燻製羊肉を食す一方で、ノルウェー人はラークフィスク〔サケ、マス、時にはイワナなどを塩漬けにして発酵させた料理〕を食べ、スウェーデン人はシュールストレミング〔塩漬けのニシンの缶詰〕を食べる。人によってはひどい匂いだと思うようだが、中には素晴らしい食事を約束してくれるよい匂いだと感じる人もいる。そのためきのこに関する国ごとの匂いの好みに差があることは、予想の範囲内だ。ハイイロシメジ *Clitocybe nebularis* は、ノルウェーの専門家に「香水を染みこませたよう」と形容され、湯通しすれば、食べられるとされる。アメリカではスカンクのような匂いと言われ、またあの国では誰も食べない。国により匂いの好みが異なることを示す最も良い例は、マツタケ *Tricholoma matsutake* を巡る騒動だ。マツタケは人々が購入するきのこの中でも、最も高価だ。日本で見つけることがどんどん難しくなっているため、値段は毎年上がる。このきのこはノルウェー人のアクセル・ブリュットがオスロ郊外のノードマルカで発見したのを考慮して、一九〇五年に初めて学術的に記述された。*nauseosum* という種小名（不快という意味のラテン語）を選んだからには、おそらくブリュットはこのきのこの匂いが不快だと思ったのだろう。米国の有名な菌学者デイビッド・アローラは、匂い鑑定に関してはそれほど辛辣ではなかったようで、マツタケの匂いを「汚い靴下」のようだと見なしている。その一方で、日本人は全く別の意見を持っている。一九二五年に伊藤誠哉（いとうせいや）と今井三子（いまいさんし）がこのきのこについて記述し、日本語で「松のきのこ」という意味を持つ種小名 *matsutake* を与えた。

その匂いは「極楽のよう」とされ、「香り松茸、味シメジ」という古い日本の諺まである。一九九九年、まるで菌類学上のミステリーのように日本のマツタケ *Tricholoma matsutake* とノルウェーのトリコロマ・ナウセオスム *Tricholoma nauseosum* が同種であることが証明された。学術的伝統と学名命名法規則に従えば「先着順」の原則が適用される。命名権を得るのはきのこの記述を最初にした者であり、この伝統によれば件（くだん）のきのこは *Tricholoma nauseosum* という学名になるはずだった。

日本人がこれに納得するはずがない。彼らは指の脂がこのきのこの質を損なうことのないように、木綿の手ぬぐいを使って大切に採集をしてきた。祝いの席では、常にマツタケを最高級の贈り物としてきた。紀元七五九年にはマツタケの素晴らしい特性について和歌を詠んでいる。

高松の　この峰も狭に　笠立てて
満ち盛りたる　秋の香のよさ

万葉集　巻十　二二三三番歌　作者未詳

男性が常に権力を持った十一世紀の宮中では、女性はマツタケという言葉を口に出すことさえ禁じられていた。マツタケはペニスを表す陰語でもある。ただしきのこの大きさのことではなく、若く美しく、しなやかな様を表す比喩として使われる。今日の日本では、需要はほぼ無限大と言える。一部にはこのきのこには男性にとってバイアグラのような特性があると信じられているためだ。つまりは日本人の貴重なマツタケにそんな耳ざわりの悪い学名がついては、彼らの誇りに傷がつくのである。自分たちの国民的な宝に永久に「吐き気を催すようなきのこ」と名づけられるのを、どうして黙って見過ごせよう？　日本のロビイストは大々的なＰＲキャンペーンを展開し、最終的にこのきのこは、*Tricholoma matsutake* と名づけられるようになった。

私の知っている、あるノルウェーのきのこ愛好会は自国で何本かの *Tricholoma Matsutake* を発見した時、ついにこのきのこを調理してみようと決めた。それはバター、塩、それにコショウを使ったノルウェーの一般的な調理法で行われた。きのこの味は、彼らの好みには合わなかった。初めはノルウェー人の味覚の問題だと考えていたが、後になって次のような説明を読んだ。芳香が強い脂

マツタケ

Tricholoma matsutake

溶性のきのこはバターで調理するのがベストである。でもマツタケの芳香は水溶性だ。それゆえこのきのこはスープに入れるか、お米と一緒に炊いて初めて本領を発揮する。日本式に松茸ご飯を作る時には、米を炊いている間に片手一杯分の刻んだマツタケを加える。鍋に蓋をし、調理温度を弱くする。その後、米とこのきのこが互いに調和するのを根気よく待つ。この調理法なら、米が夢のような味に炊きあがる。少なくとも日本人によれば。

きのこ界がもっと嗅覚について研究すべき理由が、他にもある。匂いによっては、一般の人々には想像もつかない専門用語が、標準的な説明の用例として使われているのである。たとえばコルティナリス・カムフォラッス *Cortinarius camphoratus*（和名未詳　フウセンタケ属）はきのこ本によれば焼いた角、ヤギ小屋、または発情期の雄ヤギのような匂いがするという。冬に何時間もヤギ小屋で過ごし、生まれてまだ数日間の仔ヤギたちの角を獣医師が落とすのに立ちあった人間でもない限り、ほとんどのノルウェー人にとってこのような参照がどれほど役に立つかは議論の余地がある。規模的にはノルウェーの一般的な都市と同じような、マレーシアの小都市で育った私のような人間には、このような説明はほとんど意味をなさない。さらに例を挙げるなら、ヒメヌメリガサ *Hygrophorus cossus* はボクトウ蛾の幼虫、つまりある種の樹木に穴を開ける幼虫のような匂いがするそうだ。ボクトウ蛾の幼虫の匂いが特殊であったにしろ、昆虫学者を除いてはそれがどんな匂いか思い当たる人は、多くはない。さらに言えば、力強いあごを持つ、グロテスクな赤色の大きな幼虫の匂いを嗅いでみようとする人々はもっとわずかだろう。他の類似例はノルウェーでは販売禁止の防虫剤のような匂いのするヒグロシベ・フォエテンス *Hygrocybe foetens*（和名未詳　アカヤマタケ属）や、ノルウェーではめったに見ない機関車の匂いのする、コルティナリウス・カリステウス *Cortinarius callisteus*（和名未詳　フウセンタケ属）だ。毒のあるマッシュルーム、アガリクス・クサントデルムス *Agaricus xanthodermus*（和名未詳）の種の特定において決め手となる「フェノールの匂い」も、多くの人々にはなじみがない。

あんずの香りと他に教わった？　アロマ

アンズタケの匂いを苦労して学んだあげく、一般的に通用するきのこの匂いの記述の大部分が、より幅広い匂いの領域の「省略形」であるといった結論にたどり着いた。私の目から見ればきのこ文献の匂いの説明は、どこか不十分だ。きのこの匂いを嗅いだ時の全ての感覚が、多くの場合、たった一語の標準的な説明に置き換えられる。きのこ界のリーダーたちは折に触れて、きのこの世界に近道はないと私たちに念を押す。それこそが初心者たちが願ってやまないものなのだが。けれどもきのこの匂いに関してなら多くの近道を知ることも可能であると、この世界の第一人者も述べている——シロオオハラタケはビターアーモンドの香りがする。チチタケ *Lactarius volemus* は貝の匂いがする。コテングタケ *Amanita porphyra* は生のじゃがいもの匂いがする、など。ワイン専門家（ソムリエ）やビール専門家（ブラウマイスター）は、ワインやビールを手にした時に感じ取る多面的な香りの領域を多面的に豊かなニュアンスで描写できるだけの豊富な語彙を備えているものだが、反対にきのこ専門家は匂いの複雑さを「簡略化」するための語彙を備えているように思える。私にはその理由が、きのこの匂いがワインやビールの香りと異なるためだとは思えない。むしろきのこ界の人々が香りの領域への近道に目を向けているせいではないか。

きのこ初心者にとっての学習とは、きのこ愛好家たちが「ビターアーモンド」、「貝」または「生のじゃがいも」と言う時には実際には何を意味するのかを理解することだ。経験豊かなきのこ愛好家は、ニオイベニハツ *Russula xerampelina* の匂いを知っている。ニオイベニハツの匂いは独特だ。このようにきのこ愛好家たちは重複表現の迷宮（ラビリンス）にはまりこんでいく。「きのこ中心主義者たち」は、ニオイベニハツの匂いを学ぶとはどういうことかなんて忘れてしまっていて、きのこの世界の外側にいて中に入ろうとしている初心者に差しだせる多くのヒントなど持っていない。初心者だった私はきのこを鼻先に持ってきた時の複雑な香りを、標準的な説明と一致させようと必死になっていた。

かなり後になって、自分がきのこ専門家としてホーヴェード島でユキワリを摘むきのこ狩りツアーを引率した時のことだ。ツアーにはそれまでユキワリを見たことのなかった初心者が、何人も参加していた。島に着いたとたん、きのこが見つかった。菌糸学の世界にまだあまり慣れていない人々が初めてきのこ狩りの楽しさを体験するのを見るのは、素敵な気分だった。彼らの瞳だけでなく、身体全体が輝き出す。彼らはほほ笑み、くすくす笑い、大声で笑い出す。表情豊かに大声を上げ、飛び跳ね、手を振る。私はそこで、単に感謝のお辞儀を一度ならず見たいというちょっと不純な動機から、引率者として次のきのこがある方向を指し示す。よいきのこの狩り場を誰かとシェアをしたがる者がいるなんて、彼らには信じられないようだ。きのこ界の人々の秘密主義については、誰もが耳にしていた。でも私には気前よくするだけの、秘めた動機がある。彼らにある特別な質問を投げかけてみたいのだ。

「ユキワリはどんな匂いがする?」と。

このきのこには、他のきのこにはない特有の匂いがあるということで、皆の意見が一致した。本当に様々な答えを聞くことができた――塗りたてのニスの匂い、クレオソート〔ブナの木のタールから得たフェノール類の混合物〕、ガソリン、悪臭のする油、くるみ、それに防虫剤の主要成分であるナフタリンもあった。ひとり発酵臭がすると言う人さえもいた。

様々なきのこ文献に載っているような、「湿った小麦粉」を誰も挙げなかったことは興味深い。同日遅い時間に、偶然、有名なシェフと知り合いになった。彼はブグドイで本物のユキワリを発見したと、やや興奮気味に話してくれた。彼は幼少期からユキワリのことを知っていたが、見つけたのはその時以来だそうだ。けれども特にこの匂いのおかげで、これがユキワリだとすぐに分かったという。私が口を開く間もなくシェフは、ユキワリについてどのきのこ本でも一般的に通用している「湿った小麦粉」の匂いという表現を必ず引用していることに、長々と文句を言いはじめた。彼は多くの人とは違い、計画的にこの問題に取り組んだ。小麦粉を水で濡らしておいてその匂いを嗅ぐ。次にユキワリを嗅ぎ、そして再び小麦粉を嗅ぐ。シェフの出した結論によると、ユキワリは湿

ユキワリ
Calocybe gambosa

った小麦粉の匂いはしない。これについては彼が正しいと思う。デンマーク人のポール・プリンズは、古い時代の作家たちにとって小麦粉の匂いとは、「こね鉢の中のケーキの中に入っていたり、去年の秋から貯蔵庫に保管されているような、鼻の奥を刺激する古い小麦粉の匂い」であると形容している。小麦粉の匂いとはおそらく、小麦粉がスーパーで清潔な紙袋に入って売られてはいなかった過去の時代の匂いを指しているのだろう。つまり私たちのほとんどが知らない匂いだ。

つい最近、また別の初心者グループを引率して、きのこ狩りツアーに出かけた。目的はいくつかの食用きのこと重要な毒きのこについて学ぶことだった。最初に見つけたきのこのひとつはコルティナリウス・カムフォラッス *Cortinarius camphoratus*（和名未詳　ハラタケの仲間）であり、きのこ界の中ではその悪臭により名を馳(は)せている。このきのこを縦に裂いて、皆に匂いを嗅いでもらった。驚いたことにグループはふたつに分かれた——半分は胸が焼けるような匂いだと思い、あとの半分は「香水をかけたようなよい匂い」だと思った。それから私は標準的な説明にまだなじみのない、初心者グループを引率する度にこの訓練をした。結果は毎回同じだ。この小さな例は、きのこのアロマを主観的な立場から説明しようなんて、考えるだけ無駄であることの証明になるかもしれない。コルティナリウス・カムフォラッスについて言えば、きのこ愛好家たちがひどい臭いだと言うのは、そのように学んできたせいである可能性が高い。

きのこ王国に来たばかりの初心者であれ、悲しみの荒野にいる未亡人になったばかりの女であれ、見知らぬ土地に来た者がしきたりに従おうとするのはよく分かる。残念ながら、差しだされた救いの手が、適切とは限らない。私は日常会話の中で死を表すのに使われる婉曲表現にいら立っていた。この状況を円滑に進めるのに、そういった言葉は役に立つのだろうか？　どうして人々は物事を率直に伝えられないのだろう？　私は人々が口にしたこと、言わずに伏せていたことのほとんど全てに対して過敏に反応してしまう。何人かは騒ぎすぎだとか、距離感があまりに近過ぎるか、あるいはあまりに遠すぎると感じていた。何か間違ったことを言ったり、人の傷口に塩を塗ったりするのを恐れる人々からは、慰めの言葉もあまりない。人々が何もなかった振りをしたり、要領を得ないことを言おうとしたり、わざと近づかないでおこうとしたりした時は慰められることもなく、ただ戸惑いとあきらめだけが残る。私のためにそうやっているのだろうか、それとも自分自身のためだろうか？　自分を、よい友だと思いこんでいる時はさらにひどい。私には、周りに気を使う気力など残っていない。周りの雰囲気を悪くしようが他の人を傷つけようが構わず行動し、言い返した。相手が誰であろうが、いつどんな方法で他人の気分を害そうが構わず、自分の言動を抑えられずにいた。周りが見えず、ただ自分の悲しみとだけ向き合っていた。

人は、悲しみの海に突き落とされると陳腐な言葉にすがってしまうものだ。けれども犬を飼ったらどうかという善意のアドバイス、またはまだ若いのだから誰かと出会えるだろうという不器用な慰めは、何の助けにもならない。もっと気力があったら、彼らにかんしゃくをぶつけていただろう。よかれと思って言ってくれたほとんどのアドバイスは、道しるべとしては何の意味もなさなかった。前を向くこと、方向を定めること、過去を振り返らないこと、そんなの私の役には立たなかった。何だかほとんどの人々は人生の谷間はあっという間に過ぎ去るべきと思っていて、人によってはそんなものは歯を食いしばって耐えれば抜け出せると思っているようだ。私には、そんな方法論を理解するだけの余裕もなかった。大体、そんなのは歯に負担が掛かるだけではないだろうか。私の経験では、平凡な言葉に人を慰める効果などないに等しい。でも痛みの最良の癒しは何かなど私も知らないし、実際には何が必要なのかを言葉にはできない。慰めの言葉が役には立たない時、私たち——慰めが必要な者と、慰めようとする者——はどちらも無力だ。私は「未亡人」としてはかなり若い方だったので、同世代からはあまり助けを得られなかった。彼らの中には、悲しみの本質を知っている人はほとんどいなかった。私たちは死とは人生の一部というよりも、一種の医療ミスだと見なす社会に生きている。公的な場で死が影を潜めている社会では、死とは個人的で、ほとんど構う余裕のない贅沢なのだ。遅かれ早かれ誰でも親しい人々を失うことはあるけれど、悲しみに慣れることはない。私は自分に対し、悲しみに浸る贅沢を許す決心をした。

きのこの匂いについてもっと調べてみたいなら、「暗黙知（あんもくち）」〔主観的で言語化することができない知識〕という概念は興味深いと思う。「暗黙知」とは、持ち主がほとんど意識しないまま使っている知識である。言語はよい一例だ。ある言語を流暢に話す人は、暗黙知を身につけていると言える。彼らはその言語をどのように話すのか知っているが、そのほとんどは自分が使っている文法規則を説明できない。暗黙知を伝承することは難しい。でも誰かの暗黙知を受け継ぐには、実践が一番の方法であり、経験をシェアすることによって学ぶ。たとえば工芸を学ぶ徒弟は師匠とともに働くことで技術を身につける。観察、模倣、そして練習は絶対に欠かせない。それに経験が伴って、初めて習得できたと言える。

習うより慣れろ。暗黙知は行動で表す知識——つまり身につくものだ。それはいつの間にか使いこなしている知識だ。つまり、どのようにやるのかを知っているのであって、何か知っているわけではない。暗黙知は学ぼうとして身につくものではない。きのこの匂いの説明の価値に限りがあるのは、そのためだ。初心者が匂いを実際の知識として使えるようになるまでには、何度も経験し感じることが必要だ。きのこの匂いについて言えば、初心者の課題はコルティナリウス・カムフォラトゥスがどんなものなのか、できるだけ何度も嗅いでみることであって、何の匂いがするのか知る必要はない。それができて初めて、きのこ愛好家が使っている匂いの暗号を解読できる。その時にようやく周りの人々がどんな話をしているのか分かるようになるのだろう。

ねずみ捕りの技術

エイオルフが亡くなったことで、私は彼からもらってきたことまで失った。彼の「暗黙知」だけでなく、その他のスキルも同じだ。彼は幅広く物事に興味を持ち、本を読んでいた。また自分が読んだことを覚えていた。クイズゲームでは誰もが彼と組みたがった。私が何かを質問すると、いつでもエイオルフから機知(ウィット)に富んだ答えが返ってきた。彼は論理的に考えるのが得意で、また豊かな知識の持ち主であり、それゆえ議論の相手としても理想的だった。

「エイオルフならどう言い、どう行動しただろう?」、私は自分にそうしょっちゅう問いかける。その答えによって、私は、アイデアや調べる気力が出てくる。それは大きくて重要な問題に限らず、日常の中の小さなチャレンジ——たとえばねずみ捕りといったことについても同じだ。暗黙知であれ実践であれ、私が何の知識も持たない分野だ。しかし最近、ねずみ捕りの理論を知ることから実際のねずみ捕りへと、壁を越えることができた。狩猟免許を持ち、本物の大きな動物を倒してきた人々にとっては、ねずみなんて一粒のピーナッツのようなものだろう。私はねずみが一匹出てきたら椅子の上に飛び上がるような、五〇年代のコミックスに出てくる女性たちとは違う。でも作業によってはエイオルフと私は明確に役割分担をしていて、ねずみ捕りは間違いなく私の担当ではなかった。それはエイオルフが何とかしてくれるもので、私は気にする必要すらなかった。

気温が急速に下がり、確実に秋が近づいてきていた。また夜になるとカサコソという小さな音が響いてくるのも事実で、それは一匹か二匹のねずみがこのコテージに移ってきている確かな証拠だった。ボイラーのある小さな納戸は秋の夜の冷気と比べれば、ずっと暖かく心地よいに違いない。どれだけ気が進まなくても、行動を起こさないわけにはいかなかった。先延ばしにするわけにはいかず、他に逃げ道もない。内心ではエイオルフのお気に入りのねずみ捕り「ギルヨッティ」〔フィンランド製のねずみ捕り。「ギルヨッティ」はフィンランド語で「ギロチン」の意味〕を探し出すべきだと分かっていた。このギルヨッティは、餌に惹かれて寄ってきたねずみの首を瞬時に落としてくれる。認めるのは恥ずかしいけれど、私はこの処刑器具をどう使うのかを理解するため、いろいろな角度からじっくりと調べてみなければならなかった。幼い頃にレゴやメカノ〔子ども用の組み立ておもちゃ〕で遊んでいないと、こういうことになる。器具のメカニズムを小枝を使って試しながら、我ながら賢くて、ちょっと格好いいな、と思う。餌には何を使えばいいだろう？　ベーコンならねずみを惹きつけられるだろうか。結局ベーコンに決めた。納戸にねずみ捕りを仕掛けると、その隣の寝室で横になった。その夜は月食が起こることになっていて、これを見逃すとまた何年も待たなくてはならない。だから皆が月食を待っていた。でも私だけはねずみを待っている。

　午前一時半、物置からねずみが騒ぐ音が聞こえてきた。私は息を潜め、聞き耳をたてた。ある特定の音に強く意識を集中させると、実際に聴覚が鋭くなるというのは不思議なものだ。私はじっと――集中し、緊張して――ベッドの中で横になっていた。薄い板壁だけが私とねずみを隔てている。小動物が自分の枕の真後ろで死と戦うのを聞いているのは、あまり気持ちのよいものではない。永遠に続くかと思われたその戦いが終わった後、静寂が訪れた。私はほっと息をついた。

　次の問題は、不運なねずみをどうするかだったが、それは次の日の朝に考えることにした。私はねずみ捕りの名人になろうなんて思わない。でも不慣れな未亡人でさえ、必要に迫られればねずみ捕りを仕掛けられるようになるのだと、気がついた。

アロマ・セミナー

私はきのこの匂いセミナーを企画したいと切望していた。そのセミナーでは、きのことは関係のない他の匂いの専門家に様々なきのこの匂いを嗅いでもらって、どんな匂いがしたのかを、きのこ愛好会の皆に語ってもらう。きのことは関わりのない人たちが、私たちきのこ愛好家が普段やっているように様々なきのこをひとつひとつ回し、匂いを嗅ぐのだ。けれどもどうやって企画したらよいのだろう？ 研ぎ澄まされた嗅覚を持ち、匂いに関する豊かな語彙を備えているのは誰だろう？

ある午後、パリでMに会った。Mは香水の会社で働いていて、会社用に匂いのデータベースを構築することを主な仕事としている。Mのある知り合いが挨拶にやって来たとき、Mはその男性とハグを交わし、彼からするよい香りがどこのオーデコロンかを特定し、よく合っていると褒めた。私はMの匂いを嗅ぎ分ける能力に感銘を受けた。彼のおかげで、香水はつける人によって香りが変化するということを思い出した。同じ香水でもつける人によって結果が変わってしまう。つまり彼はオーデコロンだけを褒めたのではなく、つけたことで生まれた香りを褒めたのである。

身体につけるパフューームの市場はグローバル規模で見ると、巨大だ。世界のセレブはそれに気がついている。そのため、老舗の香水ブランドは、今日はブリトニー・スピアーズ、ビヨンセ、あさってはリアーナ、ジェニファー・ロペス、セリーヌ・ディオンといったポップスターたちとコラボした香水を出すことで、今日、競争を生き抜こうとしている。匂いは人々の興味を惹く。私たちは身体にスプレーする香水にのみ、多くのお金をかけるわけではない。体臭を消す製品の市場も大きい。

私はきのこの匂いの問題をMに話し、それぞれのアロマからきのこを特定するのは難しいと相談した。Mはそれは問題などではなく、ただひたすら訓練を繰り返すことだと言った。彼は自分の業界について短くレクチャーし、訓練についてできるだけ詳しく説明してくれた。全ての色をいくつかの基本色に区分できるように、香水もオリエンタル、シトラス、フローラル、あるいはウッディといったいくつかの「基本的な匂いの系統」に大別できるという。匂いのそれぞれの系統にさらに複数のバリエーションがある。誰でもある決まった系統の匂いに惹かれる傾向があり、自宅に持っている様々な香水ボトルは多くの場合、ひとつまたはふたつの系統に偏っているはずだ。調香師は音楽業界の概念を用い、香水をトップノート、ミドルノート、ベースノートという言葉で分類し、この三つの組み合わせを「香調（ハーモニー）」と呼ぶ。Mによれば、香水によっては成分が二つないし三つしか含まれていないものがあり、それは二重奏または三重奏の室内楽団のようなものだという。その一方でもっと複雑なフレグランスもあり、それは多くの香りの成分を含んだフルオーケストラのようなものだそうだ。

きのこの匂いも音楽のハーモニーのように説明できるのだろうか？　あるきのこの匂いが少人数

ムラサキシメジ
Lepista nuda

のコーラスグループのようなものだとしたら、その一方でジャズバンドのような匂いのきのこもあるのだろうか？　話を聞きながら、頭の中ではそんな疑問が渦を巻いていた。きのこ、音楽、それにワインに共通点があるとしたら、融合し合う多くの情報を持っているということ、またこの三つを楽しむ人々がそれぞれ独自の好みを持っているということだ。Mは、真剣なきのこ愛好家がどうして鼻を直接きのこに突っこむのかについても、説明してくれた。私がこの方法に慣れるまで、少々時間がかかった方法だ。人が匂いを感じ取るまでには、匂い分子が空気中を漂い鼻にたどり着く必要がある。鼻腔を広げてきのこの匂いを嗅ぐと、匂い分子は鼻の一番奥へと上っていく。そこには匂い分子を感知する嗅覚受容体を持つ嗅上皮（きゅうじょうひ）がある。それは果てしなく様々な匂いを記録し区分する器官がある、六平方センチの小さな部屋だ。匂いは化学信号に変換されて、ここからまっすぐに脳へと送られる。

「実際には、全ては化学的作用に過ぎないんだ」

Mは言う。言語学者のエイーシファ・メイジッド〔Asifa Majid。言語カテゴリーと概念の特性、非言語的知覚および認知、これらの分野間の関連性を研究する学者。ヨーク大学在籍〕は狩猟および採集民族、ジャハイ（jahai）の言語と英語とを比較した。その結果ジャハイの言語は匂いを表す語彙が、英語に比べてずっと豊富であることが分かった。ジャハイ語とノルウェー語で比較をしても、同じ結果が出るだろう。たとえばジャハイ語には古い米、きのこ、ゆでたキャベツ、いくつかの鳥、それらそれぞれの匂いを表す個別の言葉がある。それがどうしてなのかは不明だが、ジャングルで生き延びるには視覚だけではなく嗅覚の発達も不可欠だったのだとメイジッドは言う。もし犬が話せたとしても、彼らは人間には把握できない匂いの微妙なバリエーションについて話すだろうから、私たちには理解することはできないと言われている。犬は周囲の全ての匂いを感じ取っているという説もある。それは自分たちに必要な花々にたどり着かなくてはならない蜂も同じではないだろうか。香水界の専門家は、様々な匂いを表す個別の用語を使い分けることによって、巧みに繊細なニュアンスを捉えている。香水用語を使えない私たちには、その様々な言葉は何の意味も持たない。「芳香性の（アロマティック）」という言葉が「樟脳（しょうのう）および、ラベンダー、ローズマリーやサルビアのようなハーブ」を表していることを知らない。香水業界の専門家たちは「琥珀」、「動物的」、「樟脳（しょうのう）」、「クリーミィ」、「クールな」、「油っぽい」、「草のような」、「革のような」、「オリエンタルな」、「花びらのような」、「パウダリーな」、「石鹸のような」といった記述語の参考資料を共有している。彼らの用いる匂いの表現は特殊な、どちらかといえば業界用語だ。そこに秘密があると私は思う。

内輪だけにしか通じない専門用語

ジョン・ランチェスター〔一九六二年ドイツ、ハンブルク生まれの作家、記者。一九九六年『最後の晩餐の作り方』でデビュー（新潮文庫で邦訳あり）〕は雑誌「ニューヨーカー」のある記事で、他のソムリエがあるワインについて「粗い」（'grainy'）と言っている意味が分かるまでにかなりの時間を要したと書いている。当初、彼には上質な味を描写する言葉も経験もなく、ワインはただ喉を通り過ぎていくだけだった。ある日、急に目の前が開け、他の人々が言っている意味を理解できた。ワインが粗いという感覚を、自分と同じような語彙を持つ他のソムリエと共有できるようになったのだ。皆、自分が体験した味覚を概念と結びつけることができる。

　サブカルチャーの内部で微妙なニュアンスの共通言語をシェアしていると、外部にいた時の感覚をあっという間に忘れてしまう。部外者は、ばら、灯油、バター、馬の生皮、さくらんぼ、それにアスファルトといったワイン・トークなど空虚な上流気取りに過ぎないのでは、と疑念を抱きがちだ。内部の人々の話に出てくる物事を見ることも味わうこともできず、その匂いを感じることもできない。外側から見れば、裸の王様の物語のようだ。香水の匂いであろうとワインの香りであろうと、詳細な言及のある専門的な業界用語の話なのだから。混乱を招くのは新しい用語ではなく、新しい専門的な意味を持つ「一般的な」言葉だ。様々な概念の新しい使い方を理解できた時、人は文化的な障壁（バリアー）を乗り越えたと言える。

　ノルウェーの野外生活文化（トルクルトルコーデン）〔ノルウェー語で Turkulturkoden といい、ただ野外に出かけていき自然を楽しむ風習のことを指す。他の北欧諸国とは異なるノルウェー独特の文化らしい〕を理解するというのは、言葉によって頭で理解することにはとどまらない。むしろこの文化的創造物に慣れ親しみ、深く体感することが大事なのだ。香水、ワイン、あるいはきのこの匂いについて語り合うのは、同じような文化的な壁（バリアー）を乗り越えるのと共通の観念なのかもしれない。新しい知識が突然パズルのピースのようにぴたりとはまり、アハ体験が訪れてこの壁（バリアー）を乗り越えることができたら、人はもう後戻りできない。新しい知識を拭い去ることはできなくなる。グラスにワインが注がれた時、ソムリエは目をつぶり、グラスに鼻を深く突っこみ、息を吸いこむ。外界を遮断し、鼻腔を満たす芳香にのみ集中する。彼らはどんな芳香を感じているのだろうか？　彼らがこれまで記憶のアロマ貯蔵庫に蓄積してきたどんな香りと似ているのだろう？　彼らはまずワインがグラスの中で静止している状態で吸いこみ、その後グラスの中で回してから再び吸いこむ。ワインがグラスの中で回る時、アロマ――揮発（きはつ）する化学物質――が凝縮されて、グラスの真ん中で待ち構える鼻腔に立ち上ってくる。ソムリエのイングヴィルド・テンフィヨールは、ワインを回すとは音楽のボリュームを上げるようなものだと書いている。アロマはほとんど「爆発」し、その感覚は最高に官能的なのだという。テンフィヨールによれば、ワインの芳香を鋭敏に感じることができるほど、味わいも深くなる。

ソムリエはどのように自分の嗅覚を訓練するのだろう？　彼らは常に香りの記憶のサンプルを増やそうと努力している。香りは記憶され、アロマの貯蔵庫に保管されていく。テンフィヨールはワイングラスを半分、たとえば苺で満たしてみればいいと言っている。その後鼻をグラスに挿しこんで、実際に苺の香りを感じ、記憶する。

苺の匂いなら知っていると誰もが思うのではないか。でもこの方法を用いると、匂いが強烈に迫ってくるような新たな感覚が得られるはずだ。苺の匂いをたとえばラズベリーの匂いと比べてみるといい。このようにしてワイン用の嗅覚を系統立てて鍛え、匂いのレパートリーを増やしていくのだ。

犬は、「アンズタケ犬」として訓練することができる。人間の嗅覚も同じ方法で訓練できるだろうか？　いくつか特徴的な匂いのきのこを選びだし、一列に並べたワイングラスにそれぞれのきのこを入れる。どのグラスにも別々のきのこのアロマが入り、凝縮される。一個のワイングラス内の匂いを嗅ぎ分けることができたら、次のグラスへと移る。たとえば目をつぶって嗅いでみて、いくつのきのこを特定できるか、やってみるのはよい練習になるはずだ。愛好会に紹介して、次のきのこミーティングでコンペティションの一項目として使えばよいかもしれない。手はじめに考えられるのは、各ワイングラスを小麦粉、種子用穀物、あんず、大根、焼き立てのココナッツマカロン、ビターアーモンド、自然派石鹸、貝、生のじゃがいも、甘味料、木炭およびカレーの匂いのするきのこで満たすことだ。

匂いのセミナーの計画で、調香師またはソムリエを招待するのに障害になったのは、愛好会の厳しい会計だった。私はきのこの世界になじみのない、よく訓練された鼻に、きのこの匂いを描写してもらうことを熱望していた。どうすればいいのだろう?

官能評価パネル

〔食品の品質評価で、「人が食べてどう感じるか」という視点から、味覚や嗅覚を用いて計測する手法。評価者として参加する人のことをパネルという〕

助けの手は官能評価パネルという形で差し出された。官能評価パネルとは、色、形、匂い、味、食感、音、それに痛み、といった製品の特徴を人々の感覚を用いて判断し、説明することである。最後のカテゴリーは、たとえば強い辛味によって実際に痛みの感覚が生まれる、チリペッパーなどを示している。パネルは官能評価を職業とする精鋭たちで構成されている。彼らは五感に関しては生まれつき、平均よりも鋭敏な人々（「スーパーテイスター」）である。

パネルの人々もこれまできのこの匂いで仕事をしたことはなく、この業務を面白いと思ってくれたのはうれしかった。言い換えれば、それはウィン＝ウィンの状況だった。当然だが、その日に摘むことができたきのこしか、官能評価の対象にはならない。

パネリストたちは、きのこ愛好家によれば多岐にわたる特徴的な匂いを持つ、様々なきのこを分析することになった。最も精密で広範囲にわたる官能評価分析方法は、記述型プロファイリング（descriptive profiling）と呼ばれている。まずブレインストーミング・プロセスにより特性を確認する。第二段階ではパネリストたちはそれぞれのきのこの特性について、意見が一致している。匂いのセミナーでは、プロセスの第一段階、ブレインストーミングのみを行う。パネリストたちは、皆の意見をまとめて各きのこの特徴を示した。けれども様々な匂いの属性の強度に関しては結論を出す時間も、機会もなかった。

結果はこうだ。

	きのこ	匂いの審査会の意見	ノルウェーのきのこ文献より
1	ヒカゲウラベニタケ *Clitopilus prunulus*	木材、ボール紙、きゅうり	新鮮な、湿った小麦粉
2	ニオイハリタケ *Hydnellum suaveolens*	ラベンダー、アニス、甘い、化学製品、ココナッツ、香水	いい匂い
3	アカチチモドキ *Lactarius helvus*	カレー、ゴム、ブラウンシュガー、焦げたような、スパイシーな	カレー、ブイヨン、ラビッジ〔セリ科のハーブ〕、フェンネル、クミン
4	コテングタケ *Amanita porphyria*	土、地下室、ナッツ、じゃがいも、西洋カブ	生のじゃがいも
5	クリイロムクエタケ *Macrocystidia cucumis*	魚、海、サケ、きゅうり	きゅうり、魚
6	シロトヤマタケ *Inocybe geophylla*	アンモニア、金属、苔、土、草	精液のような
7	ヤミイロタケ *Lactarius glyciosmus*	ゴム、軽油、消しゴム、ココナッツ、スパイシーな、苔、地下室、カビ	焼き立てのココナッツマカロン
8	コトガリシラガフウセンタケ *Cortinarius paleaceus*	土、樹皮、金属、苔	ゼラニウム
9	キツネノカラカサ *Lepiota cristata*	化学物質、土、吐き気を催させる	不快な化学的な匂い

10	ニオイベニハツ *Russula xerampelina*	アンモニア、腐った魚	魚（ニシン）
11	ケショウハツ *Russula violeipes*	ビニール、魚、苔	貝
12	シロオオハラタケ *Agaricus arvensis*	リコリス、森	ビターアーモンド
13	シロモリノカサ *Agaricus sylvicola*	ラクリス、焦げたような、アニス、苔、サルミアッキ〔フィンランドのお菓子〕、土	ビターアーモンド
14	アンズタケ *Cantharellus cibarius*	人参、テレビン油、甘い、森、苔	乾アンズ
15	ヘベロマ・クリスツリニフォルメ（ワカフサタケ属） *Hebeloma crustuliniforme*	土、地下室、森の土壌	大根のような
16	ヒメワカフサタケ *Hebeloma sacchariolens*	お菓子、薬、リノリウム、新しい車	甘い、フルーツのような、強い
17	クサウラベニタケ *Entoloma rhodopolium*	自然派石鹸、カビ、松	石鹸のような

匂い審査員のきのこに関する記述を見ると、俎上に載せられたきのこの半分もノルウェーのきの

こ文献とは一致していない。

それを見て、他の国々のきのこ文献はどうだろうと考えた。アメリカのきのこ本に複数目を通して、行き当たりばったりに調べてみたが、中でもヒカゲウラベニタケについては、小麦粉のような（'mealy'）という記述に加えて、少々きゅうりのような匂いがする（'somewhat like cucumber'）と書かれていた。これまでノルウェーのきのこ本では目にしたことのない記述だった。さらにコテングタケは大根のような匂い（'radish'，'turnip-like'）がするはずと書かれていた。匂い審査員は今回、アメリカ人が嗅ぎ分けることのできた匂いを感じ取ったようだ。

このような小さな実験により、ノルウェーで一般に容認されているきのこの匂いの常識には、疑問を呈することができると分かった。この段階で十人の審査員が四時間かけている。つまり合計四十時間になるにもかかわらず、まだ残っている課題はたくさんあった。パネルの人々と共同作業を続けることができたら、面白かっただろう。私たちは、このような発見により自分が知っているきのこの匂い属性を完全には説明できないということを、より認識するのではないか。またそれによって、私たちがきのこを嗅ぐ自分の鼻をもっと訓練しようと考えるか、もしくはより多くの人々がきのこに興味を持ってくれるのではないか？

ワイン、チーズ、ビール、コーヒー、それにオリーブオイルについては国際標準化されたアロマ回転盤〔アロマを様々なカテゴリーで区分した、回転盤型の表〕があり、製品の「食感」、匂いおよび味を説明している。標準化されたアロマ回転盤により意思の疎通が楽になる。たとえばソムリエがキャラメルのようなアロマと述べた時、彼らはそれが糖蜜なのか、チョコレートなのか、醤油なのか、バターなのか、バタースコッチなのか蜂蜜なのか、またどういう種類のキャラメルなのかを正確に特定できる。きのこにも独自のアロマ回転盤があったらどれだけよいだろう！

ノルウェーでは国際バーコード・オブ・ライフ・プロジェクトの一環で、きのこそれぞれのバーコード化が進んでいる。世界中のきのこ全てのＤＮＡをデジタル化することはひとつの課題だ。また別の課題は、きのこの匂いのアナログ感覚を特定することだという。

私たちにはなぜ、きのこの匂いをもっと正確に描写する語彙も用語もないのだろう。そしてさらに興味深いのは、なぜそうなったのかだろう。オスロにある自然史博物館の菌類学者とそれについて話し合った時、彼はある仮説を唱えた。きのこの分類の父と称されるスウェーデンの有名な菌類学者、エリーアス・フリースが喫煙者だったというものだ。

フリースは著書、*Systema Mycologicum*（一八二一―三二年）、*Elenchus Fungorum*（一八二八年）、*Monographia Hymenomycetum Sueciae*（一八五七年、一八六三年）並びに *Hymenomycetes Europaei*（一八七四年）により、近代のきのこ中毒学への、最重要ではないにしろ重要な貢献者としての地位を獲得した。

一般に知られているように、喫煙は嗅覚に影響する。

フリースの嗅覚は、どんな状態だったのだろうか。

古くからの習慣と新しい習慣

肉親に先立たれた知り合いの中には、禁煙に成功した人もいれば、再び吸いはじめた者もいる。幸い私は煙草の刺激や呪いを免れてきた。私が子どもだった頃、父は煙草を吸っていなかったが、私に試しに煙草を吸ってみるようにと薦めてきた。それは子どもを喫煙の巧妙な魅力に抗えるようにする、上手いやり方だった。

ある夕方、フランシスコ・イェルペンから招待を受けた。ある未亡人が、自分の生活が徐々にどう変わっていったのか、話すのだそうだ。演壇の上には素敵な安楽椅子がふたつ置いてあった。ひとつは登壇する女性用で、もう一つにはフランシスコ・イェルペンの誰かが座った。フランシスコ・イェルペン側が質問し、女性が答える。興味深い夕べだったが、私が驚いたのはその女性が未亡人になったのが十年前ということだった。十年間もの長い間、彼女は悲しみと向き合ってきたのだ、と私は考えた。

悲しみと向き合うのに要する時間は人によって違う。けれども新しいパズルにピースを正しくはめるには、誰でも時間がかかる。

そのピースのひとつは言葉だ。私は文法的に正しい時制を使うことからはじめなければならなかった。エイオルフについては、現在形の代わりに過去形を使わなければならない。初めはそれが間違っているような気がしていた。彼が相変わらず隣にいるように感じていたからだ。「私たち」を使うことが重要である場合と、私という人称を使うのが最もふさわしい場合とを区別するのにも、時間がかかった。最も辛かったのは、新しいクライアントと会った時に、私の会社ロン&オルセンの名前を伝えた際に、二番目の名は誰の苗字か答える心積もりをしておくことだった。一時はこの辛い状況を避けるため、会社の名前を変更することも検討した。プロフェッショナルとしては、悲しみを乗り越えたように見せなければならなかったが、その一方で、相変わらずすぐにでも穴の空きそうなゴムボートに乗って、広い悲しみの海を漂っていた。

本当のところ、悲しみはいつ終わるのだろう？　情け容赦ない時間を、どれほど過ごさなければならないのだろう？　悲しみは過酷な要求を課す、厳しい主人みたいだ。

感覚を総動員する

きのこについて知るには、嗅覚をはじめとする全ての感覚を鍛えなければいけない。種の判定に必要な、様々な情報を感じ取るためだ。それがとても困難に思えたのは、自分が初心者というばかりでなく、悲しみによって種々の能力が麻痺していたためだろう。菌糸学の知識を深めることは、自分の感覚を活性化させることであり、人生を取り戻す速度を上げようとしていたと考えられるのだろうか。再び世界に目を向けるのは、百年の眠りからゆっくりと目を覚ますようなものだ。感じることは、物理的にも精神的にもその場に存在しているということだ。自分の感覚を新たな方法で使わざるを得なくなった時、私は段々と未亡人生活を外側から眺めなくなり、自分自身の人生の時計がゆっくりと回り始めていた。おそらくこのようにして、私のふたつの旅――自分からは望まない、悲しみの迷宮（ラビリンス）をめぐる旅と、完全なる自由意志ではじめたきのこの道を歩む旅――が互いにリンクしたのではないだろうか？

名もなき者たち

‘mushroom’とグーグルで検索すると、インターネット上に無限に出てくるのは、幻覚を見る（トリップする）ためのきのこであって、食用きのこではない。サイバースペースできのこを探し求める人々の興味をそそるのは、幻覚誘発性きのこである。バイキングの狂戦士（ベルセルク）ときのこの摂取には関連性があるとも言われている。さらにサーミの祈禱師はベニテングタケを食べるトナカイの尿を飲んでいたはずだと、広く信じられている。たとえトナカイの尿がサーミの治療師（ヒーラー）に薬として用いられていたにしても、バイキングやサーミの幻覚誘発性きのこの摂取に関するこういった面白い逸話を裏づける証拠は、残念ながらほとんどない。私も含めて多くの人が、このような奇妙な噂を裏づける研究がないのは大変残念だと思っている。

　私たちが学生だった時エイオルフのある友人は、トリップできそうであれば、目に入ったものを手当たり次第に吸ってみることに夢中になっていた。夢はリバティキャップ *Psilocybe semilanceata*〔リバティキャップは英語での俗称。マジックマッシュルームとして知られている〕を見つけることだったけれど、彼がどれだけリバティキャップについて日々熱く語ろうと、実際に吸っていたのは自家栽培の煙草だったと思う。少なくとも私は当時、そのきのこを見かけたことは一度もなかった。

触れてはいけないきのこ

リバティキャップには人々を何百年も惹きつける特性がある。民族菌類学の父R・ゴードン・ワッソン〔一八九八―一九八六年。国際的な銀行家、アマチュア菌類学者、作家。歴史、言語学、比較宗教学、神話学等様々な分野から菌類学に関するデータを集め、統合した〕は一九五〇年代にメキシコを訪れた時、約五十種類のシビレタケ属のきのこがあると聞きつけた。このようなきのこは、特に宗教上の儀式と関連して地域の住民に用いられていた。ワッソンは複数の情報源から、メキシコの聖なるきのこは「神のおられる場所へと誘う」（'Le llevan ahí donde Dios está.'）と聞いていたので、興味を持った。

きのこの初心者となって何年かたった頃、私はきのこ鑑定士試験に備えて、きのこ講座の教科書に加えて、手に入る限りのきのこの本を読みあさった。膨大な量の本を読み通した後、ふとあるきのこ本の中にあったリバティキャップのイラストが目に入った。どういうわけか、かなり前に名前を聞いたことがあったリバティキャップと、新しい興味の対象であるきのことを関連づけて考えたことがなかった。私は思わずはっとした。

私はそのイラストが示していたのが、小さくて目立たないきのこであったことに驚いた。

この伝説的なきのこは本当に普通のきのこであり、それほど刺激的な外見ではなかった――これが「マジカル」であるとは理解できなかった。そこで気がついたのは、これまで読んできたきのこ本にリバティキャップのイラストが載っていなかったことだった。

これはおかしい。私は複数の本にもう一度目を通した。その時には特に、リバティキャップを探すために目次も確認した。

いくつかの本は確かに、これまで私が見過ごしてきたような一行か二行の短い説明文を載せるページをこのきのこに割いている。けれども、イラストはどこにもなかった。その理由は何なのだろう？

インターネットには向精神性きのこの情報が溢れているのに、実用的なきのこの本は、地元のシビレタケ属きのこについて、驚くほど何も載せていない。もちろん私の読んだ本に、たまたまリバティキャップに割くページの余裕がなかった可能性もある。私は普段、陰謀説を好む方ではない。けれどももしこれが偶然ではなかったとしたら？　きのこの世界に、リバティキャップについての情報は伏せておこうという、暗黙の取り決めがあったとしたら？　リバティキャップを正しく判別するのを、誰かが故意に防止している可能性はあるだろうか？

このようなとっぴな想像からは、陰謀や共謀の匂いが漂う。そのため私はこの説を愛好会の古参の会員にちらっと言ってみたが、その人は公式にも非公式にもこの情報を隠蔽するという取り決めなど全くないと力強く念押しした。しかしリバティキャップについてもっと知りたいから、愛好会の誰かにインタビューしてもよいかと尋ねると、古参の会員は怒り出した。そのこわばった表情を見るに、私は何かデリケートな問題に触れてしまったらしい。すぐさま、リバティキャップを摂取すると昏睡に陥って、二度と意識が戻らなくなるリスクがあるのは知っているかと聞いてきた。

そのやや大げさに思える態度に、私は思わず体をこわばらせた。リバティキャップが社会でタブー視されているのは間違いない。でもきのこ愛好家の間であっても、このきのこに関して興味を示すのは常軌を逸した行動であるらしい。私が世間知らずだったのかもしれないが、愛好会の中で尊敬されている年長者に期待していたのは、もう少し冷静でもっと菌糸学的な情報だった。彼があのような、いわゆる情報をくれた目的は、私の興味をさっさと削いでしまうことであって別に脅かしたかったわけではない。正直に言って、私は余計に興味をそそられただけだった。

そこでできればもっと中立の立場で、情報を提供してくれる人を通して調べてみようと決めた。リバティキャップについて、誰か自分の意見を隠さない者はいないのだろうか？　それとも物議をかもすこのきのこに関しては、人は二種類に分かれてしまうのだろうか――リバティキャップ愛好派と嫌悪派――それぞれが信じる真実によって？

リバティキャップの使い方について私と話したいと思う人は、なかなか見つからなかった。けれどもいろいろ探してみて、ようやく会ってくれる人を見つけることができた。

私は約束した時間に、少々緊張しながら聖オーラヴ広場にやってきた。Nは喜んで私と会うと言ってくれた。彼を直接知っているわけではなかったが、互いに連絡することを仲介してくれた共通の友人がいた。私はカフェの大きな窓のそばに座り、外を行き来する人々を眺めている。あの口の端から煙草の吸い殻をぶらさげ脇に新聞を抱えている、のろのろと少々重たそうな身体で歩いている男性だろうか？　それともあの髪が白くなりかけた優しそうな中年男性だろうか？　コートを着て向こうをのんびり歩いている男性かもしれない。あの人はいかにも自由気ままで昼間から暇そうに見える。きっと仕事を持っていないのだろう。彼がリバティキャップを探して、街の教会墓地をはいずり回る姿が見えるような気がした。Nがどんな外見をしていて何歳くらいなのかは知らない。会う前に彼の電話番号から検索を掛けてみたが、ヒットしたのは別の名前だった。Nとは彼の単なるハンドルネームなのだろうか？　Nではないかと思われる男性が何人か見えたが、誰かを探している様子の人はいなかった。約束の時間から五分過ぎている。私はNに電話を掛けることにした。電話をした瞬間に、そばのテーブルで携帯が鳴り出す。ひとりの若い男性のもので、着信音はパトカーのサイレンだ。こんなに近くにいても、見知らぬ人だと距離を感じてしまう。

おずおずと挨拶を交わす。彼があまりに若いので驚いた。Nは細身で、顔の肌はなめらかで若者らしい輝きを放っている。髪には櫛が入っていないけれど、それが今の流行り？　それ以外のファッションも髪型と合っていた。Nはあちこちほころび、またボタンが取れているすり切れた革のジャケットを着て、痩せたお尻の上までしかないぴっちりした細身のジーンズを履いている。Nはリバティキャップを定期的に摂取している。彼は抑えた声で話し、少々きまり悪そうだった。リバティキャップを摂取すると、ちょっと内向的になる傾向があるのだろうか？

私は彼が会いに来てくれたことに礼を述べ、彼の経験についてもっと聞きたいと話した。人類学者なので人から話を引き出すことには慣れているが、Nにはそんな働きかけは無用だった。私の質問に積極的に答えてくれて、一旦話し出すと止まらなかった。彼にとって、「きのこ」といえばリバティキャップの略語だ。Nによれば一回の摂取量はきのこ二個か三個がちょうどよいという。彼はさらに声を低め、ここに来る前に二から三個きのこを摂取（キメ）してきたと話す。彼がどれぐらいの頻度でそういった量を摂取するのか気になった。Nは、一度摂取したら一、二カ月程度、間を置くと言った。頻度の低さに驚かされたが、それは私がマッシュルーム・トリップのことをあまり知らないからだろう。私たちは午後二時に会った。Nは私と会った時、言い換えればリバティキャップのせいでまだ「ハイ」だったのかもしれない。それは全く予想していなかった。外見からはトリップしているようには見えなかった。

ホイランド教授が様々な角度からリバティキャップを説明する

以前ホイランド教授〔Klaus Hoiland. オスロ大学生物学研究所所属〕という人と話したことがあったが、ありがたいことに彼がまさにリバティキャップについて、学術記事を書いていることが分かった。再びオスロ大学のブリンデーンキャンパスで教授の話を聞きたいと思うようになった。

ホイランド教授は、リバティキャップに常習性はないと主張することから話しをはじめた。ノルウェーにある最も毒性の高いきのこにもそれはないと、彼は続ける。私は聞いたばかりの、果てしない昏睡に陥るリスクを持ちだしたが、彼は笑いとばした。

「誰だか知らないが本当にそんなことを言ったのかい？」

教授はそう聞くと、にんまりと笑う。

ホイランド教授は続けて、このきのこが論議の的となるのは、強い影響力があるからなのだと話す。きのこを向精神性にしているのは、プシロシンおよびシロシビンという構造も効果もＬＳＤに似ている毒性物質である。この毒は中枢神経系に直接届く。さらにこのような毒性物質は精神運動性反応に作用する可能性がある。様々な感覚的印象は混合され、または刺激が消えた後も長い間留まる。そのため光、音や匂いといった体験が、作用を受けていない状態の時とは違うものとして感じられる。脳の機能が変化し、それにより知覚、気分、意識および態度に一時的な変化が起こる。でもその他には、このような物質が脳や心理にどのように作用するのかはほとんど解明されていない。こういった作用は、毒性物質が体内から排出されるまでは消えることはない。かなり強い影響を及ぼすことは疑いようもない。

世界にはプシロシンおよびシロシビンといった麻薬（効果のある）物質を含む約二百種のきのこがある。そのうちの多くはシビレタケ属だ。このようなきのこは、ほとんどが小さくて細い。また腐生菌である。つまり肥料、腐食した木や植物、腐植土や苔といった有機物の上で成長する。湿度のある草地あるいは馬のいる乗馬センターでもこのきのこを見つけられる。「オスロ市のグレンランド地区にある刑務所公園〔オスロの刑務所と警察庁を取り囲んでいる公園〕にはリバティキャップが生えているよ」。これは情報をくれる人を私が探している間に、何度となく聞いた言葉だ。それは現実というよりは受刑者の夢を反映しているだけなのかもしれないが、私はこの件をそれ以上調べていない。

公平な情報か、それとも群集心理の扇動か?

ノルウェーではリバティキャップを摂取するのは、野生のきのこによるトリップを望む人々だ。リバティキャップは薬事法制の対象だ。同法によれば「法律により麻薬に区分される物質を製造、輸入、輸出、購入、保存、輸送あるいは譲渡した者は麻薬犯罪のかどで罰金もしくは禁固刑最長二年、またはその双方を含む刑罰が科せられる」。

国内の地元きのこ愛好会は、きのこに関する知識の流布に貢献しているが、ことリバティキャップに関しては意見が分かれている。その一方でホイランド教授やその他の菌類学者はリバティキャ

プシロキュベ・セミランタケ（リバティキャップ）
Psilocybe semilanceata

ップやその他の近縁種について何年にもわたり、会報誌に学術論文を寄稿している。またホイランド教授がリバティキャップの向精神性作用について講演をした、全国きのこフェスティバルに参加したこともある。その一方で地元愛好会の年長者たちが、私が好奇心を見せたとたんに、鼻先でシャッターを下ろしてしまったのも目の当たりにしている。

薬事法を考慮するとリバティキャップに関しては口をつぐんでしまいたくなり、安全性についての情報の不足から小さな好奇心の芽さえも摘んでしまいたくなるのも分かる。けれども「リバティキャップ」と距離を置いたり嫌悪感を露わにしたりする傾向が見られるのは、文化の背景にある一トレンドだ。それはノルウェーのアルコール・麻薬政策の、主流の考え方と一致している。つまり国民自身の行動から国民を保護する。法律によって中毒物質を禁止するか、年齢制限と販売ルートの管理により人々が受ける有害な作用を限定するかだ。

移民である私は、ノルウェーのアルコール中毒対策にショックを受けた。年齢に関係なく誰でも二十四時間お酒を買えるなど、ノルウェーではありえない。そんなことになったら、起こりうる事態はひとつだ――すなわちこの平和を愛する国民が、自制心をなくしてしまう。アルコール文化が一八〇度違う国で育った私は、この仮定がどちらかといえば文化に基づいた根拠と、ノルウェー国民の体に染みこんだ思考傾向の上に成り立っていると知っていた。

それがことリバティキャップとなると、人によってはこのきのこへ近づくことを防止する情報以外は全て、法律違反や大規模なリバティキャップ中毒への誘い水だと思いこんでいるように見える。そのためリバティキャップに関する知識は秘してある。このようなやり口でまず思い浮かぶのは、焚書などだ。また若者に性教育や避妊教育をすることに反対する、保守的で宗教的な団体の姿勢も思い出す。このような情報は若者の間のセックスを奨励するだけだというのが、その理由である。こういった団体は、若者が安全でバランスの取れた知識を知らず妊娠を怖がっている方が、道を踏み外すことはないだろうと、思い込んでいる。

リバティキャップの情報を広めてはならないという姿勢は、きのこをテーマにしているソーシャルメディアでも一般的だ。最近ある小さなきのこの写真が、種判別を手伝ってほしいというコメントとともに投稿されたが、不健康な潜在的興味はまだ芽の小さなうちに摘んでおこうという返答ばかりが上がった。

返答の例はこうだ。

「君はこれについて知る必要はない。食べるには小さすぎる」

「やろうと思えば、全てのきのこについて知ることができるよね？」

「そうだね。でもこれは使用禁止きのこの疑いがある」

「リバティキャップのことを考えているのかい？」

「ここではそういう質問は受けつけていません」

最終的にこれは普通のヒメシバフタケ *Panaeolina foenisecii* であり、向精神性の基準から言えば大したものではないきのこだと立証する投稿で落ち着いた。このようにしてディスカッションのスレッドが終了になるのは、割と典型的だ。多くの人が、明らかにリバティキャップに関してはどこか不道徳であり、名前を出すのも危険なきのこだと感じている。リバティキャップを試してみたいという人の欲望を抑制するのは崇高な目的であると見なされるため、実際には社会統制と発言の自由の侵害だとは誰も疑問を呈してはいない。

リバティキャップに興味を持つ人々が疑問を持つのは、実際にはおかしなことではない。これはアンズタケと並んで多くの人が耳にしている、野生のきのこなのだから。私の意見ではリバティキャップについて情報を提供し、質問に真面目かつ客観的に答えるのには、きのこ界の人が、ちょうどよいポジションにいると思う。

リバティキャップはどれほど危険なのか？　各種の保健機関によればリバティキャップの物理的な有害性は証明できていないらしいが、使用者は含有物質のせいで、いくつかの不愉快な精神的影響を受ける可能性があるという。リバティキャップ摂取によるトリップ感は、現実感を失うと同時に身の危険を感じるような幻覚に襲われる、大変恐ろしいものになりうる。パニック発作を引き起こしたり、潜在的な精神障害を表面化させたりする可能性がある。もし以前から鬱のような精神疾患を患っている場合、そういった潜在的な精神状態が増幅される可能性が高い。使用後長期にわたって、トリップの間の映像が「フラッシュバック」したり、それが不安の感情を呼び覚ましたりする可能性もある。いわゆる「フラッシュバック」はプシロシンが脂溶性であり、脂肪組織に蓄積されるために発生する。それが摂取後の長期にわたる中毒の原因となり、恐ろしい症状を引き起こす。その他起こりうるネガティブな作用とは恐怖、不安、苦悩、頭痛、混乱といった激しい感情の起伏、消化管のむかつきや不快症状、めまい、思考の中断などである。てんかんのような障害もリバティキャップの影響下で悪化する恐れがある。それに加えて、アルコールを飲みながらリバティキャップを摂取するのは、避けるべきだ。

さらにこのきのこは精神病を引き起こす可能性がある。リバティキャップの使用は危険であると認識しなければならない。その一方でホイランド教授は、リバティキャップについては脈絡をもって考えることが重要であり、さらに国際的な危険な中毒性物質リストのトップに来るのはアルコールであり、ヘロインがそれに続くと説明している。このリストではリバティキャップの順位はＬＳＤと並んで最下位だ。不思議な国のアリスに倣い、「ますます、妙だわ、ちきりんよ！（'CURIOUSER and curiouser!'）』と私は考えた。若い学生としてマレーシアからノルウェーにやってきた時、とてもショッキングな情景を目にしたのを思い出した。普通の金曜日の夜に酩酊した多くのノルウェー人が千鳥足で町中（まちなか）を歩き回っていた。酩酊状態の段階を表すノルウェー語の言葉を全て覚えるのは時間がかかった――マレーシアでは酔っているかしらふのどちらかだから。酩酊物質としてのアルコールが社会的に受け入れられている一方、リバティキャップが薬事法制の対象となっているのは興味深くもあり、不思議でもある。どうしてそうなのかといった疑問は、また次回にとっておこう。

マッシュルーム・トリップ

マジックマッシュルームでトリップしている間どうなり、またどのようにこのきのこを摂取するのだろう？　国立公衆衛生研究所〔Folkehelseinstituttet. ノルウェーの国家機関〕によればシロシビンという物質はシビレタケ属のきのこから抽出する。またこのきのこは生やドライで、あるいは食べものや飲み物と混ぜて食べたり飲んだりできる。ノルウェー国立公衆衛生研究所の情報によれば使用者は知覚が鋭敏になるとともにすっきりした感覚になれるという。さらに周囲のものの色形が変化し、周りの景色が面白くスリリングに見えてくるらしい。時間の感覚が弱くなり使用者は、自分と周囲の垣根がなくなったように感じる。「自分は周囲とひとつになった」と感じる状態になる。自分は全てのもの、全ての生けるもの、動物や植物とひとつ、という感覚は、文学によく登場する表現である。

このきのこのせいで、愛好会の中であまりにもネガティブな反応が起きたので、マジックマッシュルーム・トリップとはどのようなものかと考えるだけでも「不謹慎」に感じられるようになった。でも政治的に不適切な考え方を論破することが規範になっている国だからこそ、そういう気持ちになるのだろう。思い切ってまたNに連絡を取ってみよう。

「このマジックマッシュルームのどこが好きなの？」私はNに聞いてみた。彼はシビレタケのトリップするような感覚を「気持ちいい」と説明する。Nはさらに詳しく説明してくれて、トリップとは「一日中、羽根でくすぐられているような」感じだと言った。そのおかげで「一日素敵な気分が続く」のだそうだ。Nによると、きのこはそれ以外の酩酊物質と比べて「お母さんのように優しい」のだという。彼は明らかにいろいろ試してきているのだろう。私はNにもっと分かりやすく説明してほしいと頼んだ。彼はまず、あの感覚は「私たちが慣れている現実とは全く違う」ので、言葉で説明するのは「無意味」だと言った。ただし、そこで最も強い感覚は一体感なのだという。

情報をくれた別のGという人物は、一度、オスロを見渡す高台に座ってマジックマッシュルームでトリップした時のことを話した。彼は街が自分の一部になり、自分が街の一部になったように感じたのだそうだ。あの大きな古木は、おそらく百年はあの場所に立っているのだろう。自分のお祖父さん、またはお祖父さんのお祖父さんも同じ木を見ていたのではないだろうか？　また自分の子ども、孫、曾孫もあの木を見るのでは？　その全てが美しく、崇高とさえ言えると、Gは思ったという。Gは「キャップ」と呼ぶところの、リバティキャップでトリップしていると、自分が子どもに戻ったような気分になると話す。Gは、子どもの時に手品師がシルクハットの中からうさぎを出すのを見てどう思ったか覚えているかと聞いてきた。何て不思議！　Gによるとリバティキャップでトリップするとは、そういう感じなのだそうだ。しかしトリップの間には望ましくない場面を見ることもあると彼はすぐに強調した。

「ここで知っておかなければならないのは、トリップの間に難しいと感じている物事は、トリップが終わる時には消えてしまっているってことなんだ」

とGは言う。

「キャップで気が狂ってしまうことはないよ。でもトリップの間に気がついたことで気が狂ってしまうことはある」

Gは笑顔で言う。

「たとえば自分がどういうタイプの母親かと自問自答した時に、望まない答えが返ってくることはありえるよ」

Nは、マジックマッシュルームでトリップすると「周囲の世界がより深く理解できるようになり」、またその世界を「先入観を通さず」に見ることができるようになると話す。

「それによって答えが得られるわけじゃないけど、現実がもっとよく見えるように、手助けしてくれるんだ」

Nは言う。

彼は、自分がマジックマッシュルーム・トリップを好きなのは現実からトリップ状態へゆっくりと移行するため、その間に起きることを「見られる」からだと続けた。Nによればマジックマッシュルーム・トリップによって、「自分の内部の創造領域」が開くのだという。それは体全体におよぶホリスティックな体験であり、まさに実感として感じられるという。瞑想、ヨガ、それにダンスもその「創造領域」に至る方法だが、時間がかかるのだとNは言った。私は静かに心の内で、それは自分がかつてやっていたのとは何か別の種類のヨガ、瞑想あるいはダンスに違いないと考える。Nはさらに、マジックマッシュルームによるトリップは「波乗り」のようなものだと説明する。Nが慣れてくればくるほど、「再び波を見つけること」が上手になるのだそうだ。また彼は、ちらっと「時間の増幅」について話した。どういう意味だろうと、私は訝(いぶか)しむ。Nは感性が「開放」され、話が「より長く感じられる」ため、物事を見つめ直す時間が実際よりも長く取れるのだと言う。これはなかなか理解できなかった。彼はサイケデリックミュージックを例に挙げて説明しようとした。もしきのこでハイにならずにこの音楽を聴くと、テンポがすごく速く感じられるはずだ。けれどもきのこを摂取して聴くと、この音楽がそれほど速くは聴こえなくなる。それは「内界の視野」で視覚的に感じるためだ。時間は「増幅される」。このようにしてトリップは「時間の増幅」として感じられ、このような状態でなければ見えなかった様々なニュアンスの心象風景が見えてくる。彼はマッシュルームを摂取すると、「決定を下すこと」が楽になるそうだ。それはトリップによって、そうでなければ見えてこなかったような、選択肢に関わる様々なニュアンスが示されるからだという。

私はあるきのこの常用者のインタビューを読んだ。彼はトリップ体験によって、「これまでよりよい人間になれた」と語る。

どうやらマッシュルーム・トリップは一時の出来事、あるいは一時的な反応として感じられるだけではなく、人によっては自己を成長させてくれると感じるような底深い体験を与えてくれるようだ。Nは、それは本当だと述べ、マジックマッシュルームは他人に対してそれまでよりも共感が持てるようにしてくれたと話す。このきのこは他の人が言っていることに彼が耳を傾けられるよう、助けてくれるという。周りの感情の陰影に敏感になったように思えるのだそうだ。

Nはマジックマッシュルームを摂取して、他の人と一緒にハイになれるのは素敵な気分だと話す。彼らはその時テレパシーによって交流できるので、ほとんど何も話す必要はないのだそうだ。Gも「キャップ」を一緒に摂取した人々には、とても仲良くなれると話す。Gによると、ひとりは「世話役」の役割を果たし、摂取をせずにしらふで他の人々を見守るのだという。Nは最近トリュフ犬について話を聞いたそうで、彼の犬を「リバティキャップ犬」に訓練できるだろうかと私に聞いた。「マジックマッシュルーム犬」に関する質問にはパスと言うしかなかった。けれどもNと彼の友人たちは、動物の助けなどなくとも十分な量の「キャップ」を見つけているようだった。Nはマジックマッシュルーム界を表すのに、「サイケデリック」という言葉を使っていたが、一九六〇年代のヒッピームーブメントが思い浮かぶ。この言葉を調べてみたが、幻覚剤(サイケデリックス)とは幻覚誘発性剤の下位カテゴリーなのだと知った。オピオイド〔麻薬性鎮痛薬やその関連合成鎮痛薬などのアルカロイドおよびモルヒネ様活性を有する内因性または合成ペプチド類の総称〕といった他の下位カテゴリーではいわゆる意識の上に幻覚を与えるのに対し、幻覚剤(サイケデリックス)は意識状態の変容を誘発する。この概念を英語では‘mind bending’という。「サイケデリック」という言葉の語源は古典ギリシャ語の‘psyche’(魂)および‘delos’(目に見える)である。そのためサイケデリックな感覚は「魂の覚醒」と訳すことができる。サイケデリック界には、Nのような、美術や(大音量の)音楽といった共通の趣味を持つ人がいる。サイケデリックアートまたは音楽は「変容した意識」(‘altered consciousness’)の感覚を伝えるのである。多くの場合このような絵は鮮やかなカラーグラデーション、シュールなヴィジュアルおよびサウンドエフェクト、それに(カートゥーンのような)アニメーションで表現されている。突然アハ体験が訪れた。私が以前に見たヒッピーTシャツに描かれた一風変わった、強い色彩の様々なイラストが表しているのはこれだ! 私はいままで、罪のない美的表現だと信じていた。

私たちはビーガンのランチを食べ、カフェを出た。Nは煙草を一本吸いたがった。

そこで彼がエコロジカル煙草を吸っているのを見て、それが何かを聞いてみた。Nは自分も友人たちも「最高の健康（optimal health）」に興味を持っているのだと話す。明らかに彼の「最高の健康」の定義には野生に生えているきのこの摂取も含まれるのだろう。それ以上に自然なことがあるだろうか？

「マジックマッシュルームはどうやって摂取するの？」

と聞いてみる。Nはマジックマッシュルームを入れたカモミールティーを作り、蜂蜜と一緒に飲むのだそうだ。これはNのような、自分をあまり「ひどいジャンキー」だとは思いたがらない愛好者の間で贔屓にされている摂取方法なのだという。蜂蜜を入れた紅茶なら、ずいぶん健康的な響きがある。

私はNに、マジックマッシュルームのトリップで何かひどい経験をしたことはないのかと聞いてみる。彼は、それは否定したが、一回分の摂取量をマッシュルーム十本以下に抑えることは重要だと強調する。彼の話によると、六十から百本のマジックマッシュルームを摂取するとおそらく「愉快」になり、百本を超えた程度でも大丈夫だろうがそれは「挑戦」になるだろうという。彼の通常の摂取量はマジックマッシュルーム一から二本だ。いつもより多く摂る時、つまり三から五本の時には聴覚が鋭くなり、大きく「エネルギーの増幅」を感じる。彼は再び、一回の摂取量はマッシュルーム十本未満にしておくのが重要だと述べた。それより多く摂取すると「震え」はじめるという。その震えが何を意味しているのか私には分からない。

あるリバティキャップのヘビーユーザーは、インターネットでこのマッシュルームの「トリップレベル」を以下のように説明している。

レベル1	軽く「ハイになる」作用、視覚効果（明快さが増した色彩、コントラストの強化）。短期記憶にわずかな変化が出る。
レベル2	強烈な色彩の視覚効果（物体が息をしたり動き出したり等）、場合によっては目をつぶると二次元の模様が見える。混乱が生じ、思考は一定化しなくなる。短期記憶が変化し、気の散るような思考パターンへと陥る可能性がある。通常の思考パターンには縛られないため創造性が高まる（既存のアイデアに囚われずに考える）。
レベル3	大変明瞭な視覚効果。壁のような凹凸のない面の上で全てが湾曲したり、あるいは模様になったり、および／または万華鏡模様になったりする。水がないはずのところ（床の上等）で水が流れているように見えるなど軽く幻覚が生じる。目をつぶると三次元の幻覚が見える。色を味わったり色調の匂いを嗅いだりなど共感覚（感覚の混乱）が生じる。時間の感覚が歪曲し、一瞬が永遠に続くように感じられる。
レベル4	強い幻覚が生じ、物体が互いに融合し形を変える。自我を失う、あるいは分散する（物体が話しかけてくる。思考が同時に矛盾するように感じる等）、現実感を失いそうになる。時間が意味を失うような感覚に陥る。体外離脱感覚を味わう（自分を外側から見ている）。感覚は混乱するばかりでなく、全てが融合する。
レベル5	現実世界から完全に切り離され、自分の周囲とは何のつながりもなくなってしまう。目に入るものは全て幻覚である。自我を完全に失い感覚は通常通りには機能しなくなる。摂取者は周囲の物体や宇宙全体と融合する。現実感の喪失があまりにも強く、言葉で表現できない。4までのレベルならある程度確信して説明できるが、このレベルになると全てを超越しスピリチュアルな教えに到達できる。宇宙と融合し、悟りの境地（またはその逆）に達する。

Nの説明によるとマジックマッシュルーム十本以下といった摂取量で彼は、自称リバティキャップ「トリップアドバイザー」の作った前述の表中レベル2、もしくはおそらく3に達するという。積極的な摂取者にとって本当に難しいのは一回の量である。全てのリバティキャップが同じであるわけではない。その一方でNのようにきのこの本数で量を決める者もいればグラムで決める者もいる。効力の差の問題は、これでは解決しない。マジックマッシュルームの大きさと量は、必ずしも活性物質の量と一致するわけではない。「初心者の摂取量」をどの程度にすべきかは、意見が分かれている。Nはかなり慎重で保守的だ。マジックマッシュルームの効力はそれぞれ異なるためNにとっても賭けであり、シーズンごとにきのこ狩りをする場所を一箇所か二箇所に決めているという。野生のマジックマッシュルームは一本一本効力が違うので、私にはそれが役にたつとは思えないが。情報源になってくれた別の人は、居間でミナミシビレタケ *Psilocybe cubensis* を栽培していて、この問題の解決方法を人々に進んで教えているのだそうだ。全てのマッシュルームを干し、摂取する代わりに全てを一緒に挽いて「ミナミシビレタケ粉」にする。このようにするとマッシュルームの効力が一定に分散されるのだそうだ。

もうひとつの課題はリバティキャップの周辺に生えるもっと危険で毒性のあるドッペルゲンガーである。この関連で最も注意をすべきなのはアセタケ属 *Inocybe* だ。この種のきのこはムスカリンという毒を含んでおり、神経系に作用する可能性がある。この種のきのことリバティキャップの共通点は、どちらも小さくて、傘が尖っていることだ。Nはこのよく似たドッペルゲンガーを知っていて、彼自身は「幸い過去一度も間違えたことはない」という。でも同じ目的できのこ狩りに出た他の人が、彼ほど運がよいとは限らない。

ある日私はオスロ大学で、ホイランド教授が書いたある記事を見つけた。彼によれば、一九七七年より前はリバティキャップはきのこ本の中に書いてある名前のない多くの小さなきのこのひとつだった。このきのこは小さいため食糧としての価値があるとは思われていなかった。でも一九七七年、リバティキャップの特性である幻覚誘発性がノルウェー国民の間で有名になった。メディアはこれに飛びつき、タブロイド紙はこぞって「マジックマッシュルームがノルウェーで見つかる」や「リバティキャップのピザ」といった記事を載せた。

言い換えれば、最近のノルウェーのきのこ本でリバティキャップについて述べていないのを不思議だと感じたのは、一方的な思いこみではなかったわけだ。きのこ本の作者間の暗黙の取り決めは、ホイランド教授がタブロイド紙の記事で触れたことに関連しているのではないかと私は疑っている。きのこに関する情報は常に新たな研究により更新されているので、きのこの世界は古いきのこ本を参考にすることに対し警告を発している。でもリバティキャップに関しては、興味を持つ者は古本屋で種判別情報を見つけることができる。

ホイランド教授はノルウェー警察の麻薬取締捜査部に協力するきのこ鑑定士でもある。彼はそれを通して警察の押収するきのこの種類の変遷を「監督」できる。近年警察の押収品では、国に流入する諸外国のきのこが目立つ。それはミナミシビレタケおよびアイゾメヒカゲタケ *Panaeolus cyanescens* のきのこ胞子の購入および自家栽培が原因だと思われる。押収報告書にきのこが登場する最後の年である二〇一一年、警察はシロシビン含有種のきのこを二・二キログラム押収している（大麻二九七六キログラムに相当）。二〇一四年、ふたりの人物がきのこの種類は特定されないまま一〇〇から一五〇グラムの幻覚性きのこの生産および所持で逮捕および起訴されている。どちらにしても警察の押収した量からすると、シロシビンはおそらくノルウェーの一般的な中毒物質には含まれないようである。この押収が示しているのは、シロシビン含有マッシュルームの情報は伏せておくというきのこ愛好会の方策には、限界があるということである。きのこでトリップしたいと希望する人々は、どちらにしても探し出すのだから。

危険なドッペルゲンガーによる被害や事故を予防するのに必要なのは、まず信頼の置ける安全情報であって、沈黙や拒絶ではない。

その一方でシロシビンの毒摂取による幻覚やトリップを求める人々は、教会墓地の生け垣の後ろ、土手道、小麦畑を忍び歩き、間違った摂取量で試行錯誤をする運命をたどるしかない。もし何か質問があれば彼らはノルウェー・フリーク・フォーラム〔誰かが質問をし、それを見た人が返答をするというタイプの情報サイト〕あるいはエロウィド〔米国歳入法の501(c)(3)に基づく非営利の教育団体であり、向精神性の植物や化学物質や、同様に、瞑想、明晰夢、経頭蓋磁気刺激法、電気刺激のような、変性意識状態をもたらす技法についての情報を提供している〕といったインターネットサイトを参考にする。

一九六〇年代に多くの西欧諸国の大学のキャンパスで、ヒッピームーブメントと反体制文化（カウンターカルチャー）が盛り上がっていた頃、テレンス・マッケナと兄のデニスは著書『シロシビン――マジックマッシュルーム栽培者ガイド *Psilocybin: Magic Mushroom Grower's Guide*』で有名になった。この兄弟によれば、特にミナミシビレタケは栽培が容易だという。このようなことは全て、物質プシロシンとシロシビ

その他の幻覚誘発性きのこ（ノルウェー警察麻薬取締捜査部 Kripos の『麻薬リスト』より）

Panaeolus cambodginiensis	和名未詳（ヒカゲタケ属）
Panaeolus cyanescens	アイゾメヒカゲタケ
Panaeolus tropicalis	和名未詳（ヒカゲタケ属）
Pluteus salicinus	ビロードベニヒダタケ
Psilocybe argentipes	ヒカゲシビレタケ（*Psilocybe* とつくものはすべてシビレタケ属）
Psilocybe australiana	和名未詳
Psilocybe aztecorum	和名未詳
Psilocybe azurescens	和名未詳
Psilocybe baeocystis	和名未詳
Psilocybe bohemica	和名未詳
Psilocybe caerulescens	和名未詳
Psilocybe caerulipes	和名未詳
Psilocybe cubensis	ミナミシビレタケ
Psilocybe cyanescens	和名未詳
Psilocybe cyanofibrillosa	和名未詳
Psilocybe fimetaria	和名未詳
Psilocybe herrerae	和名未詳
Psilocybe hoogshagenii	和名未詳
Psilocybe liniformans	和名未詳
Psilocybe mairei	和名未詳

Psilocybe mammillata	和名未詳
Psilocybe mexicana	和名未詳
Psilocybe muliercula	和名未詳
Psilocybe natalensis	和名未詳
Psilocybe pelliculosa	和名未詳
Psilocybe quebecensis	和名未詳
Psilocybe samuiensis	和名未詳
Psilocybe serbica	和名未詳
Psilocybe strictipes	和名未詳
Psilocybe stuntzii	和名未詳
Psilocybe subaeruginascens	オオシビレタケ
Psilocybe subaeruginosa	和名未詳
Psilocybe subcaerulipes	アイゾメシバフタケ
Psilocybe tampanensis	和名未詳
Psilocybe venenata	シビレタケ
Psilocybe wassoniorum	和名未詳
Psilocybe weilii	和名未詳
Psilocybe zapotecorum	和名未詳

ンがヘロインやコカインと同様のカテゴリーに移動され、アメリカでは非合法となった一九六八年に終わりを迎えた。ハーバード大学および他の大学で行われていたきのこに含まれる向精神性物質に関する研究も同時に突然停止している。

一九九〇年代当時の物質プシロシンとシロシビンの研究が、今ノルウェーのＮＴＮＵ（ノルウェー技術自然科学大学）の神経学研究所で再び議題に上がっているのは面白い。有名な医学雑誌「ランセット」は二〇〇八年に、「幻覚剤の研究が主流になっている」というタイトルで記事を発表した。今日のシビレタケ属きのこの臨床研究は、使用禁止になる前の成果を受け継ぎ、特に禁煙や癌患者の抱える鬱、心的外傷後ストレス、アルコール中毒、頭痛、死への恐怖といった課題と関連した実用的な医学的利用を中心に進められている。

愛好会は学術界と深く結びついているが、残念ながらこのような新しい研究のニュースが、実権を握る古参の会員に承認されることはないだろうと私は思う。

前菜からデザートまで

人生の痕跡はそこら中に散らばっている。エイオルフの本を取り出して、すかすかになった本棚を見るのは、妙な感覚だった。それまで私は本棚が結婚生活の象徴になるなんて、考えたこともなかった。ところが突然、私たちの本棚がまさにその象徴だったと分かったのだ。長い読書生活と夫婦生活で集めてきた互いの本は、たがいちがいになって積み上げられていた。「私の本」「僕の本」などという区分はなかった。決まった並び順もなかった。ある本はどちらかひとりだけが読み、またある本は両方が読んだ。二人同時に同じ本を読みたくなって、どちらが読むか喧嘩になったのをよく覚えている。アイザック・バシュヴィス・シンガーは、そのうちのひとつだった。第一世界大戦前の典型的シュテットル——イディッシュ語を話す人の多い東欧の村についてシンガーは書いた。彼は何より生きることについて、また生きることのジレンマ、それに人生で待ち受ける様々な運命について書いたのだ。シンガーはよい物語を語る名人であり、何回も繰り返し読むに値する本を書いた。私はエイオルフの本の一部を取っておいた。他は私が絶対に読まないことが明らかな本だった。エイオルフは本をよく読んだ。文学もノンフィクションも。それに彼のような平和主義者にしか素晴らしいと分からない戦争文学も。彼が関心のないトピックもわずかにあった。彼はよく自分の墓碑に、「大学の単位に換算したら、一体何単位分になるかしれないほどの本を読んだ男」と刻むよう言っていた。エイオルフが思いつきそうなことだ。彼が以前にした話のオチを私がしょっちゅう忘れるもので、同じ話を何度もしてくれた。一度聞いたはずのジョークが、新しいジョークに聞こえる。何年一緒にいてもそんな風にしてずっと楽しく過ごせるのだ。ナイトテーブルには、彼が読もうと思っていた本がそのまま山と積まれている。つまり本人がこんな突然死ぬだなんて、思ってもみなかったということだ。ナイトテーブルの本は読まれずじまい。私は一冊一冊ページをめくってみた。そして自分が今後、それらを読むことがあるだろうかという問いに、誠心誠意答えようとした。そうして大半を処分することになった。

読書とは、見知らぬ景色を行き過ぎるようなものだ。エイオルフが最期まで読みも、私に話しもせずに終わった本や散歩を思うと、胸がちくりと痛む。

喪失の数式

喪失したものは何？　計算式は難しく、ノーベル数学賞受賞者でさえ、易々とは解を導き出せないだろう。ふたつの個が、ひとつになろうと選択した時、そこから生まれるものは、1＋1＝2にはならない。一方が亡くなる時、その夫婦固有のものはなくなってしまうが、遺された方には何かが起こる。人生とアイデンティティは非常に密接に結びついているため、遺された者は長期間、自分自身の影の片割れにしか出会えない危険にさらされる。それは私たちがともに過ごしてきた代償だった。夫婦生活の恵みが体に焼き付いた私たちが。

説明のつかない計算によると、失ったものの方が、遺されたものより価値がある。お互いの思い出を共有することも失われてしまった。エイオルフが亡くなった時、私ひとりの肩にのしかかってきた責任を重く感じた。私が忘れてしまえば、私たちの夫婦生活もなかったことになってしまう。私たちの未来への夢は消えてしまった。それらの夢は引き出しにしまっておける。おまけに私たちが完全にくつろぐことができ、互いの親友になれ、二人でいられる共同の空間までなくなってしまう。

エイオルフはその日のメニューの予想をするのが難しくない家庭で育った。毎週月曜日はメニューA。火曜日はメニューB。そのようにして時の流れや曜日が、献立で示される。彼が育った当時、周囲の家庭の多くではそうだった。食事は道楽の対象でも、目的そのものでもなかった。むしろその逆だ。食事を平らげ、片づけを全て終えるまでが夕食だ。テーブルを拭いて、洗い物を終えると、ようやくテレビの前でくつろげた。

義理の家族は田舎暮らしと密接な関係にあったけれど、冷凍食品や出来合いの食べものといった五〇年代の「現代的な暮らし」も受け入れていた。おそらくこのことと、新しい味への飢餓感が理由となって、エイオルフはマレーシア料理に飛びついたのだろう。マレーシアでは食事を食べながら、もう次の献立を考えだすのが普通だ。夕飯をとるだけのために、遠路はるばるやって来るのもいとわないだろう。マレーシアの人たちの頭の中には、名物料理の地図がある。エイオルフは長いこと、「僕の義理の母の台所」というタイトルの料理本を作ろうかと話していた。作ったところでスタヴァンゲル市のヴァウレン地区の家族のもとでは読まれずに置きっぱなしになっていたに違いない。あの家では、チキンもきのこも食べないから。エイオルフは子どもの時、お邪魔した家で、パイナップルが入った誕生日ケーキを食べて、吐いてしまったらしい。ところが彼は私と一緒に、実際にコショウの育つ地へ〔原語で「コショウの育つ地へ」と言ったら、地獄へおちろ、と言う意味〕長い食の旅に出た。エイオルフは油で炒め、少量の汁を使って蒸し煮にした鶏の足をどんな風にしゃぶったかや、蒸した魚の目の中身をすすったことや、他にも緯度のはるか離れた地のめくるめく食事体験について話し、家族にショックを与えるのが大好きだった。わが家の台所では、ブームになる前から、東洋料理と西洋料理の融合が行われていた。エイオルフはそういうのが好きだった。「ノルウェー料理」なら、実家で食べられた。

冷蔵庫は、私たちの夫婦生活のもうひとつの思い出だ。他の家庭と同じように、私たちは互いの食の好みを尊重した。片方が好きでない材料は、キッチンから徐々に消えていった。その逆も然りだ。私たち両方が好きなものは、一緒にたらふく食べた。エイオルフは私ほど、茄子が好きではなかった。ひよこ豆もだ。アーティチョークにも私ほど目がないわけではなかった。私たちのメニューでこれらの食材を制限することが、犠牲を払うことだと思ったことはなかった。こうやって夫婦生活の角を削ぎ落とすことができるのだ。彼の食事の好みに今は気を使わなくてもいいと気づいて、はっとさせられた。私が一番食べたいものを食べる自由は、私が放棄したはずの自由とは違っていた。

エイオルフが亡くなった後、私は努力してもいないのに、体重が数キロ落ちた。食事の時間がやって来ては過ぎていったけれど、私のお腹は空かなかった。食べないことに、ほとんど慣れてしまっていたんだと思う。以前なら、お客さんが来る時、新しいレシピをあえて試そうとするエネルギーがあったのに、食事作りは労働に変わった。今は食べない方が簡単だった。この惨状の原因は、もちろん単純に食欲がないことではなかった。私は生きる意欲さえも失ってしまっていたのだ。

かつては、私たちが仕事から帰ってきてすぐにテーブルにおいしい食事を用意することを、私は誇りに思っていた。エイオルフと私は肩肘張らずに済む料理のパートナーであり、長い結婚生活を通じ、そのことは私たちだけの秘密だった。役割と責任の分担を明確化し、洗練させてきた。食の喜びというのは、一級品の生の食材を一緒に見つけることであり、何よりもたとえ孤島に二人っきりでいても心地よく過ごせ、食事を分け合う社交なのだ。食事を計画することでまた期待と食欲が増した。時間に余裕のある週末には、より複雑なメニューを作り、大人も子どもも食事に招待した。これは私たちのトレードマークのひとつだったのだろう。ところが今では私は自分が必要としていると知っているだけの栄養を取るのに、半ば自らにノルマを課すかのように、食事を取らなくてはならなかった。金曜の夕方、気づくとテレビの前に座り、夕飯に缶詰のトマトソース入りタイセイヨウサバをつまんでいる自分に気づく時の状況は、どん底以外の何物でもない。

私がきのこを好きになった一番の理由は、食べるのが好きだからだ。以前から私はきのこの味はおいしく、格別だと思っていたけれど、それぞれのきのこの味に特徴があると気づいた時、驚いた。究極的に洗練されていて特別なきのこもある一方で、ただ奇妙なだけで、特別な関心を持つ人だけにしか向かないものもあった。私は早い段階で、食用きのこは種類ごとに焼くのがいいと気づいた。そうすることで、自分がどの種が一番好きかを知ることができるのだ。きのこはワイン好きの人たちが言うように、皆同じ味ではないし、「土と葉っぱと苔」の味しかしないわけでもない。きのこの様々な種は、それぞれ異なる独特の食感になること、またユキワリは形がしっかり残り、半ば弾力があること、キンチャヤマイグチはつるつるしていて、みずみずしいのに対し、ササクレヒトヨタケが繊細で軽くて、絹のように柔らかだと知ったのは、どれも驚きだった。

見つけたきのこが、三つ星、四つ星、五つ星の食用きのこであったとしても、古くなりすぎていたり、食べるには虫に食われすぎていたりする場合もある。このところ私は熱心なきのこ初心者とよく一緒にいて、彼らが傷んだ食用きのこを捨てるのにひどく躊躇する様に驚かされた。彼にはそれらのきのこが、もう食べられないと分からないのだ。どれぐらい中に虫がいたら、きのこを捨てるのかという問題は、きのこ愛好家とそうでない人たちを分けるものだ。つまり、ウジ虫によってもたらされる余分なプロテインへの耐性が高い人もいれば、低い人もいる。きのこ愛好家の「ウジ虫の境界線」は、食べられると判断するまでに、きのこをどれぐらい切って捨てるかにより決められる。

初心者である私の友達は、食用きのこを見つけたことにとても満足し、きのこの年数や虫の数は関係なく、きのこを全部食べようと思っていた。

あまり確信がないけれど、私が同じくらい初心者だった頃、彼ほど何でもかんでも食べていたとは思えない。でも時とともに、私のこだわりが増してきたのも間違いなかった。以前私はよい食用きのこを「捨て」ないことに、よりこだわっていたはずだ。今では私は常に新しいものを、おそらく時にはよりよい状態のものを見つけると知っている。そしてきのこの食べられない部分を切って捨てる時の自分が無慈悲なことも知っている。

バターと塩とコショウで炒めるのが、ノルウェーでのきのこの一般的な食べ方だ。フライパンを温めて、バターを乗せ、バターが溶けたら、きのこを加える。初心者講座で私が初めに習ったのは、この工程が逆でなくてはならないということだった。きのこは中火で油を敷かず、フライパンで最初に炒めなくてはならず、きのこの水分が蒸発してから、バターを投入しなくてはならない。その理由は雨が降った数日後に摘んだ場合、特にきのこにはたくさん水分がある。水気を飛ばして初めて、バターときのこからの水できのこを「煮立たせ」なくて済む。すると味が濃くなる。贅沢したければ、塩とコショウの他にベーコンと生クリームやシェリー酒を注ぐとよい。きのこがたくさんあるなら、これはステーキの素晴らしいつけ合わせになりえる。もしもきのこが少ししかないなら、トーストにきのこを乗せて楽しむことができる。こんな風にして、きのこを調理するのはおいしいと思うけれども、マレーシア人の私はアジアの大半の家庭の台所にないはずのバターや生クリームやシェリー酒といった材料を使わない調理法が、他にたくさんあると知っている。だからきのこを調理する他の方法を探ることに興味が湧いた。きのこはただの夕飯のおかずだというありがちな想定にも刺激された。きのこはデザートにならないだろうか？　どうしたらきのこを主にした前菜、主菜またはデザートを作れるのだろう？

スープ

残り物でスープを作るのに、そう手間はかからない。実際、放っておけば、できてしまう。忙しい人は仕込んでおいて、朝、食べる前に仕上げをすればいい。そこまでしてあれば、朝食のお粥が出来上がる前に玉ねぎとニンニクを少し刻むだけで、大した手間じゃない。野生で育ったマッシュルームで作ったマッシュルームスープは、TORO社（ノルウェーの食品メーカー。ソース、スープ、ラザニアの素などを作っている）のレトルトスープしか食べたことがない人全員に勧めたい。野生のマッシュルームと買ってきたマッシュルームの味が違うのは、それらが育った土壌に差があるからだ。お店のマッシュルームは、発酵した馬糞と藁を混ぜたもので育てられるので、きのこの味に限界があることは言うまでもない。野生のマッシュルームは夏の最中にすでに芝生から顔を出す。一流の味がするだけでなく――一口食べるだけで口の中がナッツの味で一杯になる――マッシュルームが素晴らしいのは、ハイキング・ギアに切り替えて長い森の道を行かずとも、仕事帰りに摘んで帰れるところだ。都会のマッシュルームも、しばらく雨が降っていない時であれば、代替案としてはよい。そういう時、森が提供するきのこはわずかだが、ちょうどよい位置に配置されたスプリンクラーで、大抵水撒きがされている公園の芝生や教会墓地は何かしら摘めるものがあるという一種の保証みたいなものだ。これには、もちろんマッシュルームが生え、立ち寄れる公園または教会墓地がひとつか複数あることが前提となっている。

肝心なのは毒のあるマッシュルーム、アガリクス・クサントデルムス *Agaricus xanthodermus*（和名未詳）を避けること。だから最初にそのことを学ばなくてはいけない。グラスを重ねる音がし、噂話が飛び交う首都の派手なガーデンパーティーで、ふいに全く別のことに興味を惹きつけられた。アガリクス・クサントデルムスだ！　きのこを探してはいなかったのに見つけたということは、完全に無意識のうちにきのこを探してしまっていた証だった。私がきのこのアマチュアから、どうしようもないきのこオタクに変貌したのは、その瞬間だったのかもしれない。それともその前からすでに変わっていたのだろうか？

私はある時、仲良しのLに会った。Lの職場も住まいも海外なので、滅多に会うことはできないのだけれど、時々、議事日程が上手く合って、地球の同じ地にいる時には、かろうじて一時間か二時間、夢中でおしゃべりする時間を見つけることができるのだ。私は彼に今、本を書いていること、自分がきのこに異常に夢中になっていることにふと気がついた時のことを話した。すると彼は、私がきのこの集まりがあるという理由で、彼の結婚式に行かない選択をした時、もうそのことに気づいていたと言った。確かに私はその集まりの幹事のひとりだった。でも彼はその理由は認められるか怪しいと思っているようだった。

「結婚式なんて一生にそう何度もあるものじゃないだろう」

Lは親友である私への失望を隠さず、大仰な言い方で尋ねた。

ノルウェーのきのこ事典によると、道端に生えているアガリクス・ベルナルディイ *Agaricus bernardii*（和名未詳　ハラタケの仲間）はチコリとラディッシュと魚のにおいがまざった鼻をつく臭いがし、おまけに味も渋い。そんなものを鍋に入れたいとは思っていなかったが、アメリカ人が魚の匂いは全く気にせずにこれを食べていることに気づいた。道端に生えている若いアガリクス・ベルナルディイを私は今では摘んで食べることがある。その味はノルウェーで一般的に言われているほどマイルドではないけれど、美味と言えば美味だ。シャンピニオンのスープにアクセントをつけるため、道端に生えた若いアガリクス・ベルナルディイを二、三入れることに私は何の躊躇いもない。

自分の庭で摘んだきのこで作ったササクレヒトヨタケのスープは格別だ。ササクレヒトヨタケはビニール袋に入れなくてはならない唯一のきのこだ。水分を保っておかないと、きのこの「溶解」速度が増し、黒いインクに似た液体が出てくる。ある時、私はササクレヒトヨタケをたくさん見つけたのに、ビニール袋を持ってきていなかった。さて、どうしたものか？　幸い私は一番初めのきのこの師と一緒に散策していて、先生がお皿ぐらいの大きさの葉っぱを拾って、それできのこを包んでくれた。先生はまた、ササクレヒトヨタケとヒトヨタケ *Corinus atramentarius* を混同してはならないと私に思い出させてくれた。ヒトヨタケをアルコールと一緒に摂取すると、アンタビュース〔アルコール依存症の治療薬。これを投与したのちアルコールを摂取すると、頭痛、悪心などの副作用を示すため、アルコールを嫌悪するようになる。ジスルフィラム、アンタブスともいう〕のような胃のむかつきや嘔吐を誘発する。

ササクレヒトヨタケはごちそうであり、豪華なメニューのつけ合わせにもふさわしい。ササクレヒトヨタケをスープにするには、お皿の上に置き、弱火で蓋をして蒸してから、最後にベルモットを少量加えればよい。配膳する前に、溶いた卵黄を流し入れる。ラムソン〔ユリ科ネギ属のニンニクの一種。根を調味料やサラダに用いる〕の根のマリネまたはサイコロ状に切ったかぼちゃが少しあるなら、スープの柔らかな味を締める隠し味か飾りとして使うとよい。

シーズンの終盤は、ミキイロウスタケのスープの出番だ。焦げ茶色のミキイロウスタケが原因で、スープが黒や茶色に濁るので、見た目をよくするため、おろした人参を少し入れてもよい。濃いスープにしたければ、ミキイロウスタケのスープにブルーチーズやシェリー酒を入れてもよい。

おいしくて、大満足のベジタリアンまたはビーガン向けのスープを赤のレンズ豆と乾しきのこで作れるのだ。私がこれを作ったのは、家に新鮮な材料が少ししかなく、戸棚の奥の奥から赤いレンズ豆を見つけた時だった。必要なのは、手づかみひとつ分のレンズ豆、こぶし大の乾しきのこ、みじん切りにしたエシャロットまたはその他のねぎ類、野菜の固形スープ。なめらかな仕上がりにしたければ、すっかり火が通る頃に、ハンド・ブレンダーで鍋の中身をかき混ぜればいい。サワークリーム少々と、細かく刻んだハーブを入れれば、地味な料理がおいしくて栄養豊かになる。

きのこジャーキー

シイタケジャーキーを作るには、まず乾しシイタケを熱湯で一時間ふやかすとよい。きのこの水気を切ってから、細切りにする。ボウルにシイタケの細切りを入れ、エキストラバージンオリーブオイルと粗塩を加え、混ぜる。一七五度のオーブンに入れる。オーブン・トレイにシイタケを広げ、一時

ササクレヒトヨタケ
Coprinus comatus

間焼く。途中、何度もシイタケを混ぜる。この工程によって乾しシイタケのうまみが凝縮され、小さな味の爆弾と化す――ベジタリアンや他の人たちが間違いなく舌鼓を打つだろう。きのこジャーキーはたとえばスープやサラダの上にかけられる。

　シイタケは、主要生産地であるアジアで人気のきのこだ。シイタケは中国や日本、韓国では、先史時代から知られていた。中国での栽培方法は宋（九六〇―一二七九）王朝の時代の文書に遺されている。アジアでは分厚くて完璧な形のものから、不格好なスライス状のもの、さらに埃みたいに粉々になったものまで様々な形状の乾しシイタケを買うことができる。マレーシアではシイタケは、高級レストランに行った時に注文するごちそうだ。シイタケはメニューの料理で使う中で最も安い食材ではない。むしろその逆だ。なのでシイタケが厨房から運ばれてきた時には大抵、料理にどれぐらいの大きさのシイタケがどれぐらいの数、入っているかという話が出る。料理にシイタケがたくさん入っているということは、ホストの気前がいいということ。さらにアジアでは、シイタケは体にいいと考えられている。シイタケは長寿の万能薬と見なされていて、レシピでも特定の疾患の特効薬としばしば紹介される。きのこはどの種も、紫外線にさらされた時に、ビタミンB2を作り出す。中でもシイタケはビタミンB2を多く生成する。今日ではシイタケはアジアだけでなく、ブラジルやロシアや米国でも栽培されている。シイタケの市場はすでに大きいし、現在も拡大中だ。シイタケは元々木の幹で栽培されていたが、十年ほど前に大きな袋に入れたおがくずを使うようになってから、米国での栽培が激増した。後者の方法で、シイタケを一日中栽培できるようになり、生産量は増え、シイタケの栽培サイクルも短くなった。今ではちょっとしたきのこキットを買って、自宅のキッチンでシイタケを栽培する人もいるほどだ。

それにヒラタケでもジャーキーを作ることができる。ジャーキーとは、乾し、塩を振って調味した肉を細長く切ったもの——米国ではよく食べ歩きがされているスナックを指すことが多い。ヒラタケからベジタリアン・ジャーキーを作るには、まずは細長く切ったヒラタケを醤油とメープルシロップとアップルサイダービネガー、オリーブオイルとパプリカパウダーと塩でマリネする。オーブン・トレイにヒラタケを広げ、一二〇度で一、二時間焼く。途中ヒラタケを少しかき混ぜる。ヒラタケのジャーキーは少し甘くまた同時にスパイシーでもあり、一度食べ出すとやみつきになって手が止まらない。

ゴマ油と醤油でローストしたきのこ

シンプルかつ美味な前菜の確実なヒット・メニューは、ローストしたきのこだ。ゴマ油や醤油のようなアジアの調味料に、ニンニクのみじん切りとレンズ豆を加え、混ぜる。きのこ醤油があるなら、普通の醤油の代わりに使うといい。ノルウェー人が普段使うよりも、その倍くらいのニンニクとパセリを使う。ここでも市販のマッシュルームや湯で戻したシイタケが大活躍だ。きのこの柄を取り除いたら、オーブン・トレイの上に傘を下に向けて乗せる（ひだが見えるように）。きのこそれぞれにティースプーン一杯分の調味料をかけ、ゲストが来る前に数分、焼く。味が濃厚になったそのきのこは、タパスのビュッフェの一メニューにしてもぴったりだ。

パテ

パテのよいところは、あらかじめ仕込みが可能なところだ。もてなす側としては、パテは他のよりポピュラーな食材と同じく、テーブルに置いておくのによい。パテはまたベジタリアンに出すことだってできる。

きのこパテには、新鮮なきのことお湯で戻した乾しきのこを混ぜ合わせて使ってもいい。他にエシャロットとアーモンド、シェリー酒、白味噌と乾しきのこの出汁も必要だ。まずアーモンドを香りがたつまでフライパンで煎る。焦がさないように気をつけて。フライパンに油を敷いたら再び火を入れ、きのこを焼く。味噌ときのこの出汁を加える。まずはティースプーン一杯分の味噌。水気が飛ぶまで、弱火で焼く。シェリー酒を加えたら、フライパンを火から下ろす。別のフライパンで油を熱し、エシャロットを弱火で炒める。全て混ぜて、ハンド・ブレンダーをかける。塩とコショウで味つけし、最後にさらに少し味噌を加える。パテはチーズを乗せた小さなクッキーやトーストに合う。

きのこのマリネ

残ってしまったきのこが、小さくて形がよいなら、マリネにするとよい。きのこのマリネは主菜のつけ合わせに使える。その酸味が、マイルドなバターや生クリームのソースのアクセントになる。ヒラタケやアンズタケのような野生のきのこは、水気を飛ばすため、フライパンに油を敷かず、中火で焼くとよい。エシャロットの薄切りを少量の油と一緒に加える。一対三のバルサミコ酢と油で、ビネグレットを作る。これを混ぜ合わせたきのこにかける。さらに塩とスパイスまたはハーブで味をつける。全分量を清潔なグラスに入れ、最低二十四時間は冷蔵庫で保存する。ヴェステルボッテンチーズ、パルメザンチーズなどを、テーブルに並べる前に数枚薄く切る。

きのこのロースト

きのこをメインディッシュにするのなら、ローストにするのがいい。まずはオーブンを一六〇度に熱し、オーブンシートを型に合わせて折る。テーブルスプーン一杯分のオリーブオイルとバター十五グラムを入れて熱した鍋で、玉ねぎひとつとセロリの茎二本（両方とも小口切りにする）を約五分間、炒める。ニンニク二かけ（小口切りにする）と二百グラムの新鮮なきのこ（スライスしたもの）を加え、およそ十分、じっくり焼く。それを混ぜたものに、パプリカひとつ（小口切りにする）と人参一本（おろしたもの）を加え、約三分焼いた後で、オレガノとスモークしたパプリカも混ぜる。そこまできたら、百グラムの赤のレンズ豆とテーブルスプーン二杯のトマトピューレと三百ミリリットルの野菜のブイヨンを加えることで、食事らしくする。水分が蒸発して、混ぜたものの水気がなくなるまで、弱火で全て煮こむ。鍋をコンロから外し、冷ます。最後にパン百グラムとミックスナッツ（粗く砕いたもの）百五十グラムとLサイズの卵三つ（軽くかき立てる）、チーズ（たとえばパルメザンなどなるべく熟成したもの）百グラム、刻んだパセリひとつかみ、塩、コショウを加える。材料をよく混ぜたものを、型に合わせて折ったオーブンシートに注ぎ入れる。アルミホイルで蓋をし、オーブンで二十分焼く。アルミホイルを外し、ローストがほどよい形になるまでさらに十――十五分焼く。粗熱がとれたら、食卓に出す。

きのこソース

最近、私はこんがりとじっくり焼き目をつけた仔牛肉にきのこのソースを添えて出した。仔牛の肉もおいしかったが、驚いたのはソースの方だった。私のゲストは、もっとソースを味わいたいあまり、肉を食べる手が止まらなくなった。

ソース用の多目の乾しきのこをまず、さっき肉をこんがり焼いたのと同じ鍋の中でお湯に浸して戻す。IHヒーターのスイッチを入れる。ローストしたきのこをソースに直接浸す。仔牛または他の肉を加える。お次はバターや生クリームといった乳製品の出番だ。ソースのおいしさは脂次第なので、冷蔵庫にアヒルの脂がある時は、バターの代わりに使う。ハンド・ブレンダーで、きのこのかけらをピューレにする。きのこでソースにとろみがつくので、この工程に小麦粉を使う必要はない。ソースに仕上げとして、テーブルスプーン一杯分のおいしいマスタードを混ぜる。私はソースにエシャロットもアルコールも使わないが、もちろん使うことも可能だ。ソースに、私の場合は、ピンクペッパーも少し加えてから食卓に出す。

キャンディーキャップ

食用きのこはスライスすると、水が出る。ノルウェーでは、松やトウヒの木の根元に生えるキャンディーキャップ *Lactarius rubidus*（和名不詳）の多くが、乳液がオレンジ色であることが知られている。これらの食用きのこは、きのこ愛好家にも虫にも人気だ。そのため虫に食べられる前に、きのこを見つける必要がある。ノルウェーには他にたくさん食用きのこがある。ピンクや黄色、白、時には涙みたいに透明な乳汁が出るものもあれば、ピンクの乳液が出るものもある。ノルウェーの食用きのこも、色のついた乳液に加え、強い匂いを持つ。

キャンディーキャップは米国が主な原産地であり、芳醇な香りのする食用きのこの名前だ。

この種はカリフォルニアの沿岸部の限られた地域で育つ。キャンディーキャップケは乾すと、メープルシロップ、キャラメル、ウイキョウやカレーの香りがする。一月はカリフォルニアのキャンディーキャップのシーズンの初めであり、ノルウェーで五月から六月の月の変わり目辺りに、ユキワリ狩りが行われるように、地元のきのこ愛好会はシーズンの初めに、この若いきのこを見つけるためにきのこ狩りツアーをはじめる。二〇一二年、研究者たちがきのこから様々な香りがするのは、メープルシロップやシェリー酒、少量のキャラメル、どろっとしたカレーなどと同じソトロンが含まれるからだと気がついた。きのこの傘に触れると、みかんの皮のように少しざらざらしているのが分かるだろう。残りのきのこがこれといった特徴のない小さな茶色いきのこなので、この特徴は見分ける上で大きなヒントとなる。

長い間、私はキャンディーキャップでデザートを作りたいと夢みてきた。私がこう言うと、多くの人たちは、きのこは塩とコショウで味つけするものと習ってきたので、驚く。このような狭い考えに凝り固まって、きのこをケーキやデザートに使うところを想像できないのは、きのこについてよく知らないからだ。マレーシアで私はいつもアボカドにヤシ糖をつけて食べていた。ノルウェーに来るまで、アボカドはデザートに食べるものと思っていた。これと同じように、ノルウェーでよく食べられているリコリス・キャンディーは、お菓子にだけでなく、香味用添加物としても使われる。最近ではリコリス・キャンディーの専門店で、たとえばステーキにかけられるリコリス・パウダーが買える。きのこをスイーツにも使えると知った私は、俄然、興味が湧いてきた。

インターネットでアメリカのレシピや、キャンディーキャップ・アイス、パンナコッタ、生クリーム、クレームブリュレ、パンケーキ、クッキーや他のスイーツの写真を簡単に見つけられる。きのこを必ずしもお湯で戻す必要はない。代わりに乾しきのこを砕いて、乾した材料とこの貴重なかけらを混ぜればよい。苦くなるので、キャンディーキャップをたくさん使い過ぎないことも肝心だ。二十三×八センチのチーズケーキなら、乾しキャンディーキャップ五グラムで十分だ。私が見つけたキャンディーキャップのデザートのレシピはどれも、きのこではなくメープルシロップの味がすると繰り返されていた。キャンディーキャップを食べた翌日まで、舌に味が残る。私はカリフォルニア原産のこの類い稀なる素晴らしいきのこを試してみるのが楽しみで仕方なかった。なのでアメリカ西岸部のキャンディーキャップを二、三グラム、どうにか手に入れられた時は、それはそれはうれしかった。

キャンディーキャップには少なくとも二種類あり、そのうちのひとつはノルウェーでも時々見つけられるキャンディーキャップだと気づいた時の失望は大きかった。キャンディーキャップは乾すと特に、芳醇な香りのする食用きのこの総称として使われるようだ。アメリカ西海岸に生えるキャンディーキャップがメープルシロップの香りがするのに対し、ノルウェーのキャンディーキャップはもっとカレーっぽい匂いがする。ノルウェーでは、キャンディーキャップを食べる習慣は全くない。食用きのこと見なされていないのだ。ボー・ヌレーンによる人気の本、『北欧とヨーロッパのきのこ』によると、初めまろやかで、やがてシャープな味になってくる。ところがグーグルでキャンディーキャップを少し検索してみると、キャンディーキャップは他の国で食べられていて、乾して、スープやソースの隠し味に使われるのが分かる。たとえば何が食べられ、何が食べられないかについても、国によって慣習は異なる。ニセヒメチチタケ *Lactarius camphoratus* は英国では、'Curry Milkcap' と呼ばれ、料理に使われているし、中国でも製品として流通している。なので私はカリフォルニアのキャンディーキャップに似ているきのこがノルウェーにもあったのに見過ごして、高いお金を払ってしまったのを後悔した。

砂糖で煮詰めたアンズタケのぶつ切りとアンズタケとアプリコットのアイス

私はきのこに興味を持って以来、アンズタケのアプリコットの匂いと格闘してきたために、このレシピだけはまだ試してこなかった。

まずはアンズタケを砂糖で煮詰める。砂糖一カップと水一カップを用意し、シナモンスティック一本を入れ、シロップ状になるまで煮詰める。ここに薄切りか細切れにした新鮮なアンズタケを二カップ加える。十分間、軽く煮る。火から鍋を下ろし、シナモンスティックを取り除く。水気を切ったアンズタケを冷まし、ベーキング・シートの上にしばらく置いておく。

アンズタケの水気がとれたら、砂糖で煮詰めたアンズタケの出来上がり。食料貯蔵庫に置いておければ、ライバルに差をつけられる秘密の食材の出来上がり。アンズタケの水気を切っている間に、アイスを作ろう。牛乳（一カップ）、濃い生クリーム（一カップ）と新鮮なアンズタケ（一カップ）を新鮮なミントの葉と一緒に鍋に入れる。または三分の一カップの乾しアンズタケを使うこともできる。細かく砕いた、乾しあんずを加えることもできる。別のボールに砂糖、二分の一カップと卵黄ふたつを入れ、泡立て器で混ぜ合わせる。鍋の中の牛乳と生クリームが軽く煮立ったら、火から外す。ミントを取り出し、捨てる。混ぜ合わせた砂糖と卵黄が入ったボールにさっきの牛乳と生クリームをゆっくり注ぎ入れる。休みなく混ぜ続ける。全て鍋に戻し入れ、ゆっくり火を入れていく。レモン半分の皮を剝き、鍋に入れ、再び混ぜ続ける。焦がさないよう気をつけて。煮立ってしまわないようにも気をつけよう。

少しずつとろみが出てくる。冷ましてから、冷蔵庫に入れる。二時間ぐらいしたら、アイスクリームメーカーに入れて仕上げる。砂糖で煮詰めたアンズタケのアイスをテーブルに運ぶ。

'Dogsup'

作曲家のジョン・ケージは、きのこを摘むだけでなく、きのこを料理するのも好きだった。彼は自家製のケチャップKetchupを'Catsup'よりも濃いものとして'Dogsup'と呼んでいた。

必要な材料は、食用きのこ、塩、生姜、月桂樹の葉、唐辛子、ブラックペッパー、メース（ニクズクの皮を乾燥させた香味料）とオールスパイスとブランデー。きのこの傘を小さく切り、柄を細切りにする。陶器のボウルにきのこを入れる。きのこ五百グラムにつき、テーブルスプーン一杯分、塩を加える。混ぜたものを三日間、冷やす。途中、頃合いを見て何度か混ぜる。最終日、水気を素早く出すため、混ぜたものをおよそ三十分、温める。水気を切り、フードプロセッサーにかける。きのこから出た汁に、粗く刻んだ生姜、メース、月桂樹の葉、黒コショウ、オールスパイスと唐辛子少々を加える。きのこと上記の液体を混ぜ、半量まで煮詰め、ブランデーを加える。

ケージのレシピを見つけた時、ノルウェーのきのこ愛好家の中に醬油代わりに作って使っている人もいる「きのこ醬油」みたいだと思った。ケージは濃い味が好きだったので、水気を切った後のきのこを捨てなかったのだ。どちらもメニューを引き立たせる最高のつけ合わせだ。

お風呂場の体重計

エイオルフの死後、落ちてしまった体重が、いつの間にか元に戻っていた。初めそのことを快くは思わなかったけれど、段々、よい兆候かもしれないと思えてきた。お風呂場の体重計は、私が元の体重……それに元の人生を取り戻しつつあることを、はっきりと示していた。

離婚vs死

エイオルフが亡くなった後、離婚を経験した友人と話をする機会がよくあった。友人は家を出ていく最後の夜、ひとつひとつの部屋に別れを告げて回った時のことを、辛そうに振り返った。長年築いてきた家から、放り出された気分だったに違いない。離婚について私はあまり知らないが、その友人と私は互いに第二の人生を彷徨う中で、多くの共通する要素に出会った。相違点も多くあった。喪失の体験は比べたり、測ったりできるものだろうか？　未亡人になるより、離婚する方が辛い？　離婚では少なくとも当事者が二人いる。そのため、憤りと屈辱、恥や罪悪感が伴う。それに加えて、二人がどんな結婚生活を送ってきたのか、なぜ破綻してしまったのか、夫の言い分が自分のそれとは異なるという事実と向き合わなくてはならない。

「いっそ死んでくれたら、よかったのに」

そう友人はつぶやいた。

ミキイロウスタケ
Craterellus tubaeformis

素晴らしきラテン語

きのこ界の新入りだった私は、身につけるべき知識の量にたちまち面喰らってしまった。覚えたきのこの写真を撮り、本やネットで調べ、ベテランの人々と話し合った。専門家はどうやってあれほど多くの種類を判別できるのだろう？　彼らが目印にする最も重要な特徴は何なのだろう？　誰が一番知識を持つかを競う公の場はないが、他の者には分からないきのこの種判別ができた人は、すぐに尊敬を集める。私はその知識レベルに深く感銘を受け、偉人に囲まれているような気分になった。学名が分かる人は、きのこのその名前を当たり前のようにすらすらと挙げる。私にしてみれば、彼らはそれだけで学術界のヒエラルキーの上位に昇る。他の人にとってもそうだと思う。きのこ鑑定士試験にはノルウェー語での一般的な名前しか出てこないと聞き、私はほっと一息ついた。それに加えてラテン語やギリシャ語の学名を覚えるなんて、私には難しすぎる課題だ。ラテン語名というのは多くの場合、ラテン語形に置き換えられたギリシャ語だ。そのため初めは、どうして人が多くの学名を学ぶのに時間と労力をかけるのかが謎だった。

その後、きのこの学名を覚える、多くのきちんとした理由があることが分かった。たとえばあるきのこの種判別で二重チェックをした時に、ノルウェー語の名前でグーグル検索をすれば、おそらくヒットする情報はほんのいくつかだろう。でも学名で検索すれば、その何倍もの情報が写真とともにヒットする。その上、隣国のスウェーデンやデンマークに行くだけで、ノルウェー語の名前は通用しなくなる。きのこの名前は国によって異なる——ノルウェー語で‘steinsopp’（スティンソップ）〔日本語でヤマドリタケ〕と呼ぶきのこはスウェーデン語とデンマーク語では‘karljohan’（カールヨハン）と、フランス語では‘cèpe’（セップ）、イタリア語では‘porcino’（ポルチーノ）、アメリカでは‘king bolete’（キング・ボリュート）、イギリスでは‘penny bun’（ペニー・バン）という。このきのこの学名は*Boletus edulis*だ。唯一の名前で、この一種類にのみ用いる。ソーシャルメディアで同志と連絡を取る時や、諸外国で会議に参加する時は学名を使うのが前提だ。きのこの学名をそらんじられる技能を持つ人を単なる気取り屋とばかりは言ってられない。

もちろんどんな意味かを知らないまま学名を勉強することもできるが、何を示しているかを学ぶ方が面白い。菌類学の知識は全て、きのこに関する知識を拡大することに役立つが、それでも名前は別格だ。多くの場合、学名が示すのは、その種の特徴である。

たとえばムラサキシメジは、実際、若株の頃は青紫だ。でも学術名の*Lepista nuda*はこのきのこが若株の時かそれとも古くなった時かは関係なく、その傘の表面を的確に表している。ラテン語の‘nuda’は‘nudus’の女性形で「裸」という意味であり、この傘は触感も見た目も裸体の皮膚のようだ。この言葉を覚えてから、どうして服を着ないで歩き回る人々のことを「ヌーディスト」というのか知った。「ヌーディスト」は‘nudus’が語源だ。このようにしてきのこの学名を知ることで、人生全般に関する知識も増すのだ。

ムラサキシメジは青みがかったきのこで、多くの場合菌環（フェアリー・リング）を形成する。ムラサキシメジはとても不思議な外見で、おとぎの森のきのこに見える。実際にはごく普通の森にも、芝生にも生える。ムラサキシメジには、炒める前に湯通しをする手間をいとわない熱心なファンがいる。つまりきのこを何分間か沸騰したお湯に入れて、その後、お湯だけ捨てるのである。私はこの厄介な手順をこなし味見をしてみたが、自分の好みではないという結論に至った。もしかしたら最初の菌糸類学の先生がした説明に、影響を受けていたのかもしれない――匂いは焼けたゴムみたいで、味は腎臓のようだと。その後ムラサキシメジはヨーロッパモミの下に生えるより、ブナ林に生えるものの方がおいしいという話を聞いた。この問題については今後新しい発見があるかもしれない。けれどもムラサキシメジを発見すると、いつでも三倍の喜びが湧き上がってくる。まずその時までそこにあることを知らなかったきのこを見つけたことに喜び、次にムラサキシメジを大好きな友人を驚かせるために摘めることを喜ぶ。最後に胸の内でこの素晴らしい学名にうなずき、ひとりほほ笑む。

猿でも分かるきのこの学名

きのこの学名を学ぶのは、思うほど難しくない。もちろん有能で忍耐強い先生がいれば、助けになる。私はきのことラテン語の専門家、オリヴェル・スミットと対話を重ね、科学的な分類という隠れた世界への全く新しい視点が得られた。分類学用語の「科」と「属」は入れ替えても大丈夫と思われがちだが、実はそうではない。私は生物学の世界ではこのような概念の区別が重要であることをきのこによって、学んだ。それらは生物学の系統の様々なランクを示すからである。ある科には複数の属が含まれる。一方で、属には複数の近縁種が含まれている。私は夢中になると「きのこの種」といった曖昧な言い方をしたり、生物学的な系統樹のランクをごちゃごちゃにしてしまったりする。そうするとあきれた顔をするきのこ専門家もいれば、運が良ければ生物学の基礎をもう一度教えてくれる忍耐強いベテランもいる。

この分野の研究がはじまった時、人々は巨視的な観察に頼っていた。つまり肉眼で見ていたのである。きのこ胞子の顕微鏡検査がそれに続いた。胞子は固有で他に類のない「指紋」のようなものだという考え方からだ。現実には強力な顕微鏡を使っても、きのこを自分で簡単に種判別できるわけではない。それに関しても経験と知識が重要な役割を果たす。走査型電子顕微鏡観察（ＳＥＭ：scanning electron microscopy）とＤＮＡ分析が導入されてからは、種分類も大きく様変わりした。そうなると付随する学名にも関わる。毎年きのこ狩りをするある女友達が‘vårmusseronger’（ヴォームッセロンゲー）（春キシメジ）という名前を出す度に、私は何かがおかしいと思っていた。問題はきのこ本に、そのきのこの名が載っていないことだった。やがて、‘vårmusseron’（ヴォームッセロン）が現在は‘vårfagerhatter’（ヴォーファーゲルハッテル）（ユキワリ）という名前になっていることが分かった。現在の学名、カロシベ・ガムボサ *Calocybe gambosa*（ユキワリ属）

は、かつてはトリコロマ・ガムボスム *Tricholoma gambosum*（キシメジ属）だった。このような現象は人間についても起こりうる。新しい仲間が来たかと思えば、古参の仲間が去る。属名が変わり、さらに種小名までも変わることもある。

それぞれの種が占める独自の地位は、国際植物命名規約により制定された名称を決定する規則に基づき保証されている。学名はふたつの部分に分かれる——冒頭に来る属名と、後に来る（性質・属性を表わす）種小名である。きのこの属名と種小名が合わさって学名もしくは種名ができあがる。私はいつも、属名はきのこの「苗字」、種小名は名前だと考えている。どちらもイタリック体で書く。姓が先、名前が後に来る中国式の名前の伝統に慣れている私にとっては、その方が論理的で明確だ。

属名の最初の文字は必ず大文字である。種小名はたとえば色、形、匂い、味、大きさ、その他その種に特有だと考えられる様々な特徴を示す。

色を名前に用いる時には通常、傘と柄の色から取るが、ひだ、胞子の粉の色から取ることも多いし、例外的に乳液から取ることもある。たとえばクロハツは学名を *Russula nigricans* という。*Russula* が属名だ。*nigricans* はラテン語で黒を表す‘niger’から来ている。この場合、ノルウェー語の名前も学名もその色を示している。私から言わせれば、もしノルウェーで最も醜いきのこを選ぶなら、このクロハツが一位にくるだろう。若い時には汚い緑茶色で、古くなるにつれ真っ黒になる。去年生えたきのこなど、「炭化」している。このきのこはどっしりしていて肉厚で固く、多くの場合、地面に根づいている。この見かけで味見をしてみたいと思う人はそういないだろう。

きのこ本をちょっとのぞくだけでも、色を示す他の種小名の例がたくさん載っている。たとえばヒイロチャワンタケの学名は *Aleuria aurantia* だ。種小名の *aurantia* はラテン語の‘aurum’、つまり金から来ている。

ヒイロチャワンタケは小さく、オレンジ色のきのこだ。美しく形作られたお茶碗のようなきのこで、ノルウェーのあちらこちらで小道沿いにまとまって生えている。このきのこは食用になる〔日本では食用には向かないとされている〕が、肉薄なため小道を縁取るデコレーションの役割が一番ふさわしい。このきのこを見つける度に銀メッキをしてイヤリングを作ったらどうだろうかというアイデアが浮かぶ。この茶碗型はとてもモダンなイメージだ。クギタケ *Chroogomphus rutilus* の種小名 *rutilus* は、ラテン語で赤、赤みがかった、または赤みを帯びた黄色という意味だ。このきのこには硬く引き締まったプラグ状の柄がある。炒めるとあっという間にビーツの色に変化する。食べ過ぎると次の日には尿も赤くなるため、事前に知っておいた方がよい。

クギタケは傘に小さな突起物のある、しっかりしたきのこで、少なくとも私はおいしいと思っている。ひとつ見つければ、この赤みがかった黄色い肉を持つきのこが複数見つかるチャンスがある。フウセンタケ属の *Cortinarius venetus*（和名未詳）の *venetus* はラテン語で青緑またはシーブルーという意味だ。ここでラテン語の名手である友人のオリヴェル・スミットが、‘venetus’ とはヴェネツィアあるいは海緑色を示すのだと思い出させてくれた。このきのこの面白いのは、染料として使えることである。たとえば白いウールの靴下をこれで染めると日光の下では緑に見えるが、ミラーボールの下では光って見える。実際にはこの非食用のきのこは青にも海緑色にも見えず、オリーブグリーンを帯びた、汚い茶色である。だからこの場合はノルウェー語の一般名 ‘grønn slørsopp（グレン・スローソップ）’、緑のヴェールのきのこ、の方が似合っているというよい例である。次は *Laccaria amethystina* すなわちウラムラサキだ。ラテン語の ‘amethystus’ から取っていて、これは紫色の宝石を示す。もし、きのことは茶色かまたは白いものだと思っているなら、初めてウラムラサキを見るのは素晴らしい体験だろう。この小さなきのこは傘、ひだ、柄、それに切ってみると肉まで全体的に紫色だ。こちらも普通のモミの森よりは物語の森に生えていそうに見える。

　チチタケ属のきのこラクタリウス・サングイフルス *Lactarius sanguifluus*（和名未詳）は、もっと南の国々に生えるため、ノルウェー語の名前はない。これはサーモンピンクのきのこで、血のように赤い乳液を持つ。このラテン語の ‘sanguis’ は血という意味だ。フランスで血の滴るような牛肉を食べたければ、‘saignant’ を注文する。私はスペインの市場で、ラクタリウス・サングイフルスの入った大きなかごを見たことがある。スペインではこのきのこは一種のごちそうだった。このような市場では、きのこは多くの場合小さな「ピラミッド」型に積まれている。それを見るとつい、背後にいる採集者、この作業と流通に思いを馳せてしまう。外国で野生のきのこが売られているのを見て、種類の多さや品質から、その国の人が私たちノルウェー人よりもきのこへの見識が高いというのが分かるのは気分がいい。残念ながら、私はノルウェーのお洒落な食材店でアンズタケや他の森のきのこが高値で売られていて、加えて捨てられる時にはひどい状態になっているのを見てしまっている。ノルウェーのチチタケ属の食用きのこには人参色の乳液があり、ナイフの刃先でひだをちょっと削るだけでも染み出してくる。非食用の*Russula sanguinea*、つまりチシオハツには明赤色の傘がある。柄は身が締まりフルーティーな香りがする。私自身はそうしようと思ったことはないが、味見をする勇気があれば舌に焼けるような痛みが走る。

愛好会の人々が話すある劇的な小話の主役は、七十年間絶滅していたと思われていて二〇〇九年に再発見されたあるきのこである。この復活したきのことは、サルコソマ・グロボスム *Sarcosoma globosum*（和名未詳　クロチャワンタケの仲間）である。この発見により人々は群れをなしてリンゲリーケ〔オスロの北東にある地域〕の発見地を訪れるようになった。これは現在も続いているきのこ愛好家の聖地巡礼のようなものである。門外漢からみればサルコソマ・グロボスムは気持ちの悪い黒っぽいゼリー状の塊だ。私は幸運にも、何人かの親切なベテランたちがリンゲリーケにきのこ巡礼に行く時に、ついていくことができた。グループの中でこの珍種のきのこを見たことがなかったのは、私だけだった。他の人はこの奇跡をもう一度見たいという人たちだった。このきのこが食べられないことなんて、もちろんこの会員たちにはどうでもいい。

筋金入りのきのこ愛好家は知識欲の塊だ。食用きのこを探すだけではなく、内心では全てのきのこについて知識を得たいと思っている。人によっては、きのこに時間と労力を捧げることが生きがいになっているように見える。彼らの目からすれば、食用きのこにしか興味がないのは、単なる午後の暇つぶしでしかない。このきのこは食用か食べられないかと人に聞くと、「アンズタケ党」に区分される可能性があることに気づくまでにはしばらくかかった。少なくとも本物のタカ派に囲まれている時にはこのような質問をするなら、慎重にしなければならないということは学んでいる。食用きのこが好きであるにしろ、私もきのこ女子のひとりであり、あのサルコソマ・グロボスムに会いにいこうとしているのである。

私たちはリンゲリーケ森の現地ガイドについていった。サルコソマ・グロボスムは春に生える。このゴブレット型の形と黒い色は早春の陽光を取り入れるのにほぼ完璧なデザインだ。

小鳥たちのさえずりが五月の訪れを告げ、湿った春の香りが漂っている。けれども誰かそれに気がついているのだろうか。側溝からイラクサが伸びていて春に歓迎の挨拶をしていたのも、それがラベージとポーチドエッグのおいしいスープに加えるのにちょうどよい大きさになっていたのも、気がついていないだろう。すぐそばに生えていた細いキャラウェイなど、言うまでもない。この珍重されている若いペールグリーンの、キャラウェイのロゼット〔地表面付近にあるごく短い茎と、それから出てほぼ水平に広がった多数の葉とからなる集合体〕は、他ならぬ憲法記念日のスープに使う。きのこと有用植物愛好会にいる専門家たちと同じ体験に踏み入って、森は宝物庫だと言われる意味がやっと分かった。かつてはうさぎや他の動物の餌だと思っていた柔らかな若芽が、今では短くドラマチックな春の数週間に摘むことのできる、貴重で栄養豊かな食物だ。リンゲリーケ森の中心では誰もが神聖な気分になり精神を集中させていた。私自身も緊張で震えていた。

最初はこのきのこに気がつかなかったが、ガイドが木の根本にある大きくて丸い、黒っぽい塊を指差した。するとあら不思議、ひとつだけでなく、様々な大きさ、形、年齢のサルコソマ・グロボスムがいくつも目に飛びこんできた。ほとんどはオレンジくらいの大きさで、ネバネバした物質が黒い色をした革のような外皮に詰まっている。このきのこの上側は、半分固まったゼリーのようにプルプルしている。これまでこんなおかしなものは見たことがなかった。

きのこの形を示す種小名もある。このきのこの学名は *Sarcosoma globosum* で、形はまさに'globe'、すなわち球状だ。大きさは大抵テニスボール程度だけれど、重さはそれよりも百から二百グラム重いのが普通だ。スウェーデンでは割と見かけるきのこのようで、子どもたちが雪合戦のように互いに投げ合って遊ぶと聞いたことがある。このきのこが割れて、黒いゼリー状の内容物が飛び散って服を汚すとなると、それほど愉快でもなければ、家で歓迎されるとも思えない。お菓子屋さんの中にはこのきのこの形のフォンダンショコラを作るところもある。どんなきのこおよび／またはチョコレートファンであっても、行ってみる価値があるに違いない。

ヒダホテイタケ *Leucocortinarius bulbiger* にはきのこには珍しく玉ねぎのような形の柄がある。ラテン語では'bulbus'は「玉ねぎ」という意味であり、このきのこの柄の外見をかなり正確に表している。花の球根が英語で'bulb'というのは驚くに値しない。でもきのこでは珍しい。私自身はそんな変わった柄を持つきのこは見たことがない。ギリシャ語では足は'pous'という。きのこの種小名

サルコソマ・グロボスム
Sarcosoma globosum

では、ギリシャ語の'pous'は'pus'になるのが一般的だ。たとえば美しいけれども味は苦いアシベニイグチの学名は*Boletus calopus*という。'Calo'は「美しい」、'pus'は「柄」を示す。もしアシベニイグチを見たことがあったら、どうしてこのような名前なのか分かるだろう。

柄は情熱的な真紅で、きのこ全体が輝いている。それに加えて赤い柄は粗い網目模様で覆われている。このきのこは間違えようがない。ある学名レッスンに、オリヴェル・スミットが古いリュックサックを持って現れた。彼はそこから芝居がかった動きでゆっくりと、フリーズドライの大きなオニタケ*Echinoderma asperum*を引き出すと、何も言わずに慎重にきのこを回してみせた。フリーズドライのせいで少々縮んでいたが、それでもいぼ状で濃い茶色の傘山がよく見える。'asperum'とはすなわち「でこぼこの」という意味だ。スミットはきのこをひっくり返すと、ひだは薄い色だと書き留めてくれと言った。それはこのきのこがアガリクス・アウグストゥスではありえないという、重要な目印である。他の人が危険な取り違えをするのを、彼はかつて見たことがあるという。アガリクス・アウグストゥスが贅沢な味わいである一方、オニタケはおそらく食用にはならない。共通点はどちらのきのこにも茶色い、うろこ状の薄片がついていることだけだ。

形と色の他に、種小名は、私たちの意識を匂いとアロマに向けてくれる。アオイヌシメジ *Clitocybe odora* にははっきりした強いアニスの匂いがある。人によってはアクアビット〔北欧でよく飲まれているじゃがいもの蒸留酒〕をおいしく飲めるように、お酒の中に青緑のアオイヌシメジを入れるという。ラテン語の‘odor’は匂いまたは香水の香りという意味だ。そのためルッスラ・オドラタ *Russula odorata* はよい香りがするだろうと皆期待する。実際、このきのこの匂いを嗅いだ者は、そうであることを知っている。この種はフルーティーな芳しい匂いがする。

多くの種小名が大きさを示している。スナジヒメツチグリ *Geastrum minimum* の学名はその例だ。ラテン語では‘minimus’とは最小という意味である。スナジヒメツチグリを初めて見た時、私はすぐにクリスマスツリーのオーナメントを思い浮かべた。スナジヒメツチグリは明らかに星型をしている。誰もこのきのこに金色のカラースプレーを吹きつけて、お洒落なインテリアショップで高い値段をつけて売ろうとしないのは、少々不思議。サイズで言えば最大なのはセイヨウオニフスベ、またの名を *Calvatia gigantea* だ。‘giganteus’はラテン語で「巨人」または「大変大きい」という意味を持つ。セイヨウオニフスベは真っ白でボールのように丸く、子どもたちはみんな蹴って遊ぶ。生長すると「爆発」し、胞子は煙幕とともに消える。けれども中が真っ白なものが見つかれば、スライスしてパン粉をまぶして焼いて食べられる。このきのこはかぼちゃのように大きいので、きちんとシートベルトで座席に括りつけ、車でまっすぐに自宅のキッチンへ持っていった方がいい。私はかつて、愛好会の何人かの選抜会員と、ビョリキ島〔ノルウェーのテレマーク県ポッシュグルン市ブレイビクフィヨルドにある島〕に遠足に行ったことがある。目的はサマツダケ *Tricholoma colossus*（キシメジ属）を見つけることだった。絶滅危惧種のめったに見られないきのこである。種小名 *colossus* の意味は見た目そのままの、巨大なもの、である。やせ細った松の森の中、私たちは曲がりくねった長い、時折急勾配になる道を登っていき、ついにてっぺんでひとつ見つけることができた。硬くて身の引き締まった丸いこのきのこには、時には幅二五センチにもなる傘がある。

あまり珍しいとは言えず、すぐに見分けがつくまた別の大きなきのこはカラカサタケ *Macrolepiota procera* だ。何よりもこのきのこは背が高く細くて、優雅である。そのため *procera*（高い）が学名に含まれている。オスロにはないが、ヴェストフォル県と南部の沿岸にはよくある。このきのこを初めて見たのは、外国だった。フランスの海岸で見つけたのだ。それは菌糸類学会の最終日であり、お別れパーティーの前に少々時間があった。時間はもう遅かったが地中海の太陽はまだ輝いていた。ジョギングしているひとりふたりの人以外、海岸はほとんど人気がなかった。ジョギング熱は明らかにコルシカ島にまで広がっているようだ。この島は特に貧しい農民と漁師、それにナポレオンで知られている。ジョギングする人がいるということは、本土の繁栄が、リグリア海を越えコルシカにたどり着いたということだろうか？

これはいかにもエイオロフが意見を言ってくれそうな質問だった。エイオルフが亡くなった後、飛行機に乗る度に窓から雲を見る。馬鹿げた行為と分かってはいるが、探さずにはいられない。エイオルフは天国も地獄も信じていなかったけれど。

学会最初の夜の講義は、砂丘に生えるきのこについてだった。コルシカでサンドマッシュルーム、つまり「スナキノコ」と呼ばれているきのこは、明らかにノルウェーで、同じ名前で呼ばれているスイッルス・ワリエガトゥス *Suillus variegatus*（和名未詳　ヌメリイグチの仲間）とは全く違っていた。スイッルス・ワリエガトゥスが一番生えているのは、潮風から遠く離れた、針葉樹林の中の痩せた土地だ。この時までコルシカの海岸を十分には探索していなかったけれど、この地を離れる前に砂の中にきのこを見つけられるのではないかと、ひそかに期待していた。浜辺を数メートルも歩かないうちに、きのこが見つかった。私たちは藻類や海藻やトゲのないサボテンに似た小さくて丸い地中海性の多肉多汁植物のある場所を探すのが一番見つかりやすいと踏んでいた。きのこは、どこから栄養を摂らなければならないからだ。最初に見つけたのは、私たちのうちでは誰も知らないいくつかの海浜植物だった。ところがその時、目に飛びこんできたのはカラカサタケだった。それを見た時、みぞおちに一発喰らったような衝撃を受けた。柄はおそらく四〇センチ、傘は直径三〇センチに達している。柄には特徴的なジグザグのヘビのような模様があり、二重のリングがついていて、これは手でずらすこともできる。カラカサタケは珍重されている食用きのこで、傘は牛肉のように炒めたり、卵に浸し、パン粉をまぶして揚げたりする。これはきのこ好きのベジタリアンの間では大変重宝されているきのこだ。ノルウェーでは芝生の上や松やトウヒの林の中にしかなく、浜辺には生えない。私は飛び上がるほどうれしくなった。私たちはこのきのこの写真を様々な角度か

カラカサタケ
Macrolepiota procera

ら撮るため、多肉多汁植物の上に横になった。多肉多汁植物は私たちみんなが乗っても何の問題もなかった。日光が強すぎて、ひとりはこの撮影会の間立っていてみんなのために影を作らなければならなかった。ひとつきのこが見つかれば、その近くに他のきのこも見つかるチャンスは大きいことは誰もが知っている。実際その通りで、ベニテングタケの一群が見つかった。なんとコルシカの浜辺で。ベニテングタケたちは、菌根を形成するのに、明らかに白樺を必要としていなかった。おそらく近くにあるヤナギの木でも、十分に用をなすのだろう。

ずっと与え続けられる贈り物

前にも述べた通りきのこの学術名は、諸外国のきのこオタクとつき合う上での必須条件だ。そのためきのこのラテン語名は一度だけの楽しみではなく何度も与え続けられる贈り物なのだ。

こういったことを考えたのは、友人のひとりの家で、夕食の後にSpotifyのプレイリストからお気に入りの歌を選んでいた時だった。音楽好きの友人は、不法ドラッグでハイになったＤＪのように次から次へとお気に入りの曲をかけていた。彼の見せた音楽への情熱に突き動かされて、私は家に帰るとすぐに、エイオルフの死後、記憶の片隅に追いやっていたSpotifyのアカウントにログインした。

エイオルフが亡くなる直前に私たちはお互いのプレイリストをシェアしていたと気がつき、その瞬間、身体が震えると同時に、頬が熱くなった。こんなものがあったことも忘れていた。

ふいに、エイオルフがピックアップし、入念にリストにした何時間分もの音楽が手に入った。このプレイリストの曲をこれまでに聴いていたはずはない。そこには私の知らない、驚くような曲が複数入っていたのだから。ひとつひとつの曲を新しい興味をもって聴くことはもちろん、全体のプレイリストを体験するのも素敵なことだった。アーティストと曲の共通点は、エイオルフを感動させていたということだった。自分がどれほど素晴らしい贈り物をこの手に受け取っていたかに気がつくと、胸の高まりが抑えられなくなりそうになった。音楽を心から楽しむには、エイオルフのプレイリストから少しずつ聴く他なかった。

私はプレイボタンを押し、この素晴らしい贈り物に心から感謝を捧げた。

天からのキス

私の人類学の師、フレデリック・バースから得たフィールドワークについての重要な教訓は、「安全地帯からあえて出てみろ」だった。知らない土地に来て、初めて親切にしてくれた人に助けをずっと求め続けたいと思うのは、無理もない。バースの教訓は、知らない人と話し、行ったことのない場所を訪れ、情報量を増やし続けるよう常に努力し続けるべきということだ。このようにして文化人類学者は、できるだけ正当で説得力のある説明を見つける旅を、続けざるをえない。

これは多くの点で、私が「心のフィールドワーク」で使う手法と重なる。ひとりで寂しい見知らぬ土地を彷徨い歩くのは辛いことだが、今の私は奇妙なことに、すぐに正しい道を見つけられなくてもよいではないか、と肯定的に捉えている。どこに向かっていくか知らないことは、時に意外な喜びをもたらすこともある。でもこれは知らないという拷問にあなたが耐えられることを前提にしている。新たな意義を見出そうとしている時には、安全地帯を広げ続ける戦略も、あながちくだらないとも言えない。

私は長い間、自分を救ったのがきのこだったのは偶然だと思っていた。でもきのこに興味を持ちはじめた時の私はまだ人と関われる段階ではなかった。そんな私のお供に、静寂な森と物言わぬきのこが合っていたのだろうか？　悲しみのトンネルを抜け出して、ようやく他の娯楽も楽しめるようになった。後から思い返してみると、私のことを救ったのが結局きのこだったのは、偶然ではないのではないか？

　きのこを摘む時、流行り廃りは優先事項ではなかった。きのこ愛好家を初めて見た時は、見知らぬ惑星から来た人みたいに見えた。きのこ愛好家は頭から爪先まで、ゴアテックスで固め、蚊、ブヨ、シカヒツジシラミバエ除けを吹きかけている。森の狩人（ハンター）として、最大限のパフォーマンスができる装備だ。私は食べものを探したが、食べられないきのこを見つけた時も、菌類学の観点から見て興味深いきのこを見つけた時もうれしかった。新しいきのこ友達と新たなきのこの狩り場に行くのは、よい経験になる。

　きのこの世界を歩き回る際には、知覚と意識のスイッチを入れる必要がある。私は新しいものを知覚し、新しい自分になる。

　きのこ狩りは私にフロー体験を味わわせてくれる。私が探し求めていたのは、自分は自然の一部だという「きのこフロー」だった。私は生き残るために、また生きるためにきのこ狩りをしていた。フローを体験することは、意義を見出すこと。意義を見出すこととは、心の嵐を鎮め、変容させることだ。

　後で振り返って、未亡人としての悲しみの心象風景を歩んだ旅が、徐々に再生へと向かう船旅へと変わっていったことに気がついた。外界と心の旅を通して、人生は密やかに元に戻ってきて、自分自身が新たな自分になるような慣れない感覚を味わった。

「ヴァルカに一緒に行こう。元オスロ・タンゴ愛好会という名で有名だった、シュトゥルム・ウント・ドランクって名前のバンドが今夜演奏するよ」

私の恩師と週の半ば、夜遅くに通りで偶然再会した時、その場でいきなり招待された。私は精神が疲弊し、仕事から家に帰るのを待ち遠しく思いながら、帰路についているところだった。それにもかかわらず、私は彼の誘いに乗った。

一九一二年から存在し、「ヴァルカ」または人々に「ヴァルケン」と呼ばれるレストラン・ワルキューレは、オスロ西端にある茶色の外観の一つ星カフェだ。それが賢明な決断だったと明らかになった。あんなに楽しい時を過ごしたのは、久しぶりだった。

骨の髄まで寒さが沁みる冬の夜、暖かなそのカフェに私たちが足を踏み入れた時には、すでに宴もたけなわだった。私たちの国が喫煙禁止法の恩恵を受ける何年も前に、純粋な好奇心から私は一度、このカフェを少しのぞきに行ったことがあるけれど、ドアを開けてすぐに踵を返した。部屋に煙草の煙が充満し、常連客は灰色の壁紙にほぼ同化していた。そこは私が行くような場所ではなかった。

でもこの時ばかりは、そうも言ってられなかった。かつてと同じ家具で店内は埋められていたけれど、今はカフェに煙の臭いはなく、バンドが生き生きとしたロマ音楽を演奏していた。椅子はひとつも空いていなさそうだった。ウィリー・ブラントとレフ・トロツキーの写真が額に入れられ、壁に掛けられていた。客は、大使から世捨て人まで多様な顔ぶれで、教授が横で教えてくれなければ誰が誰だか知りようがなかった。平均年齢と学術レベルは高そうだった。ここは、ラテン語の引用も分かってもらえそうでいながら、より大衆的な音楽を、気取らず自由気ままに楽しむ雰囲気で溢れていた。

五人のバンドマンがグラスを片手に、心をこめて演奏していた。ビタミンBたっぷりのビールが彼らの報酬なのだろうか？　ヴァイオリニストがコンサートから直接やって来た。毎週水曜日の夜に、オスロのヴィーカ地区のコンサート会場からマヨールストゥーア地区まで、直通のメトロで行けるのは便利だ。ヴァルカは無骨な魅力に満ち満ちていた。人々が音楽に合わせて手を叩き、バンドに向かって、てんでにリクエストを叫んでいた。まるで五人のバンドマン全員、顔なじみであるかのように。歌唱中の特定の歌詞やソロ・パートが聴こえるよう、何人かの熱心なファンが、お客さんに向かって〝しっ〟と時々注意した。

教授はショスタコーヴィチのワルツ第二番を聴きたがり、実際、聴かせてもらえた。このヴァルカに何度か足を運んだ私は、シュトゥルム・ウント・ドランクがビール休憩をとっている間、もしくはバンドがその晩の演奏を終えた後で、自分の楽器を出して、一緒に演奏しようとする陽気なアマチュアがここには集まっているのを知っている。

私がさっきまで何より恋しく思っていたのはベッドだったのに、自分がこの場に来ていることにハッと気づいて、自分自身驚いてしまった。けれどもそれは、ここ最近の私の心理状態が関係していたのではないだろうか。かつての私だったら、みんなの親切な質問に、古い慣習と礼儀から、「ありがとう。今はもう随分よくなっているから」と答えていたことだろう。でも今なら、素直にそう言える。閉じられていた心のロールカーテンはさっと上がり、陽光が既にふり注いでいたのだ。

私は光の当たるところに出て、小道を歩きながら、足元の砂利の音に耳を傾ける必要があった。時の経過は、迷いという最も暗い角にも光を届けてくれるようになる。私の中で、ようやく、私は本心から言えていると思えた。

初め、私はそれを体で感じた。肩にのしかかっていた重荷が、一瞬でどこかに消えていた。た。"sorgtung"（ソルグトン）（悲しみで重い）という形容詞がノルウェー語にあるのには、理由がありそうだ。そして私はその瞬間、気分が高揚するのを感じた。そのことは私に病院で初めて輸血をした時のことを思い出させた。酸素が、真の喜びとともに血管を流れ、延々と循環するかのようだった。

悲しみに打ちひしがれていた時、私にはしぼりかす程度の情熱とエネルギーしか残っていなかったけれど、今はいつもより余計に腕立て伏せをしたり、ダンベルの重りを増やしたりしたいぐらいだ。今、小さな鳥が――光が射していると合図するコマドリではないだろうか――声をそろえて歌っている。辺りには春の匂いが漂い、雪が溶けはじめている。スノードロップとキバナセツブンソウも、ファーゲルボルグの共同住宅の前の小さな共同庭に顔を出しはじめていた。

ついに私の鼓動と宇宙の鼓動がシンクロしはじめた。自分の心臓がようやく再びほほ笑みはじめた。これで後は起き出して、気持ちのよい朝を愉しむまでだ。私は窓から顔を出し、新たな視点で世界を見つめた。私はこの世界の一部になりたかった。

私を満たしているのが、深い悲しみではなくなった今、エイオルフはどこに？　彼は私の心に一生消えない足跡を残した。

でも実を言うと、私は夫婦が――若い夫婦でなく、熟年の夫婦が――並んで手をつなぎ、横を通り過ぎるのを、つい目で追ってしまうのだった。

天からのキス

「夫を失った」と私が言うと、大半の人は、夫が死んだことを指していると思うようだ。でも私にとって「失う」という言葉は、私が彼に焦がれていて、彼が私の人生の、この世の人生の一部であり続ける証だ。私は彼にだけ編み出せる、工夫に満ちたやり方で、私に投げキッスをしてきたり、手を振ってきたりするのを、ひそかに期待している。ヒーリング・グループ随一のハードボイルドな無神論者や合理主義者でさえ、時に亡くなった人がすぐそばにいるというかすかな感覚を覚えていることに、私は気がついた。このことを私自身も一度ならず体験してきた。悲しみと脳は密接な関係にあるのだろう。それまで思いつかなかったような考えが、広がるチャンスが今はある。

私が初めてトガリアミガサタケを見つけた場所は、その年限りの場所だったと判明した。その翌年、グリューネロッカのバークナップが敷かれた花壇を、二度、三度と見てみたけれど、トガリアミガサタケは一本もなかった。分かったのは、アミガサタケ祭りが終わったということだけだった。

そのため貸し農園にもうけた、バークチップを敷いた花壇に戻った時の緊張といったらなかった。トガリアミガサタケが顔を出すまでには大抵、一年か二年かかる。

私はこのバークチップが敷かれた花壇のそばで、朝食を食べる。朝食をとるその場所は、エイオルフの設計に基づいて彼の死後作った小さなテラスだった。私のキャパシティをやや上回る建築計画だったけれど、市民農園で過ごすシーズンがまた来る時に、エイオルフのテラスが出来上がっていたらいいと思った。大きくはないけれど、私たちのお気に入りのガーデン・ファニチャーにぴったりのサイズだった。なので私は桜の木の下の白くて古いベンチに座り、お粥を食べながら、庭全体から漂う厳かな空気を楽しんだ。朝日が射して暖かいから、その場所で朝食を食べると気持ちいいだろう、とエイオルフが言っていたけれど、その通りだった。

ある朝、私は花壇から何かが顔を出しているのに気づくと、思わず二度見した。昔からよく生えてきた、ただのシャクナゲの花か確信が持てず、眼鏡を取りに小屋へ走った。トガリアミガサタケがひとつだけでなく、ふたつも生えているのを見て、私の胸がどくんと高鳴った。

翌週はエイオルフの命日だった。エイオルフが亡くなってからというもの、時の流れはすっかり変わってしまった。結婚記念日と誕生日以外に、新たにお祝いする日ができた。その特定の日がやって来るのを私は指折り数えた。

命日というのは、そんな日だ。頭の中でカウントダウンがはじまっていた。初めは一週間単位、次は一日単位、最終的にはエイオロフの命がついえたその瞬間までの一時間、一時間を。時計がチクタクいっていたので、気が散ってしまった。その瞬間、人生の歯車がようやく、再び回りはじめた。その年の命日、私は眼鏡をかけ、お粥を火にかける前に、花壇の方へと走り出した。エイオルフが私にサインを送っているのだろうか？　三本目のトガリアミガサタケを見た時、鳥肌が立った。周りの全ての存在を忘れてしまうぐらいの、至福の時だった。残されたのは私とトガリアミガサタケだけ。このトガリアミガサタケは、一週間まるまるかけて大きく生長した他のふたつより、ずっと小さかったけれど、すらっとしていて、尖っていて、いかにもトガリアミガサタケという風貌だった。他の人たちだったら、神様や他の高尚なスピリットに感謝していただろうけれど、私は空の上のエイオルフに温かな挨拶を送り、彼からの愛の印に感謝した。

きのこの作法

万人が従うべき作法は、ひとつしかない。

きのこの作法一　あるきのこが食用かどうか、確信を持てない場合、食べないようにする。

残りのきのこの作法は、命に関わるような重要なことではないものの、私から個人的にお薦めする。

きのこの作法二　種の分類を真剣に受け止めること。あなたが素人で、食用きのこを探したい時、きのこ本で見つけたきのこと似ていると思うリスクと常に隣り合わせだ。あなたが経験豊かなきのこ愛好家と一緒なら、あなたが摘んだきのこの一番の特徴は何か、聞いてみるのが賢明だろう。時々、きのこ本に載っていない個人的な識別法があるから。

きのこの作法三　常に備えておく。私はきのこが入れられる袋と、きのこを摘む道具を常に携えておくことにしている。五月から十二月までのシーズンには、きのこナイフまで常備している。最低限の道具で切り抜けるのを好む人もいれば、ＧＰＳや虫眼鏡、時にはライトつきの宝石用のルーペを持ってくる人までいる。あなた自身のスタイルを見つけつつも、常に準備は整えておいて。

きのこの作法四　知らないきのこの種を、よく知っているきのこと混ぜないように。よい食用きのこの中に命に関わる毒きのこをきのこ鑑定士が見つけたら、きのこを全部捨ててしまうこともありえる。

きのこ作法五　その場で軽くきれいにすること。でないと家に汚れや土や泥を持ち帰ることになる。私は家にきのこを持ち帰る時は、なるべくそのますぐにフライパンに乗せられる状態にしておきたい。

きのこ作法六　手の衛生について真剣に考えること。湿った苔で手を拭うだけでも十分。こんな風に言うのは、猛毒きのこを手で持ってしまうことがあるからだ。

きのこの作法七　地域のきのこ愛好会が運営するツアーに参加する。知らない場所に連れていってもらえるし、同じ心持ちの人と知り合いになる機会が得られる。

きのこの作法八　きのこについての知識が自分より豊富な愛好家と行動をともにしよう。知識を発展させる最良の方法がそれ。知識が増えれば増えるほど、喜びも増すものだ。

きのこの作法九　ソーシャルメディアやその他の場所で議論に参加したり、本を読んだり、辞書やインターネットで調べたりしよう。

きのこの作法十　あなた自身を信じよう。きのこの専門家からの情報であっても、あなた個人の考えや解釈が重要である事柄について、氾濫する情報に呑まれないようにしよう。

訳者あとがき

この本の著者、ロン・リット・ウーン（龍麗雲）は大学生の時、交換留学生としてマレーシアからノルウェーに留学してきました。そこで彼女はノルウェー人男性、エイオルフと出会い、国際結婚をしました。二人は深く愛し合い、嬉しいことも悲しいことも、日々のささいな出来事も、人生の一大事も、何でも話し合う仲でした。彼といると著者は、彼女自身のよい部分が引き出されるのを感じていました。著者にとってエイオルフは愛する夫であるだけでなく、人生の舵取り役で、親友で、ソウルメイトでもあったのです。

ところがある日、そのエイオルフが職場で倒れ、亡くなってしまいます。心の準備をしたり、別れの言葉を贈ったりする間もなく、突然に訪れた三十四年間連れ添った最愛の夫との別れ。夫を失い、悲しみの中で悶え苦しんでいた彼女はある日、ふと思い立ち、きのこ講座に申し込みました。

死の話ときのこの話が順に織りなされる本作に、読者は初め、死の悲しみときのこに一体、何の関係があるの？　と戸惑うかもしれません。しかし驚くことに、きのこは彼女の心の痛みを癒やし、光を投げかけ、再生への道へと導いてくれたのです。著者は悲しみという心象風景を行く内面世界と、驚きと神秘に満ちたきのこワンダーランドの二つの旅へと読者を誘います。

きのこは近代分類学の父、スウェーデンのカール・フォン・リンネをもってしても、動物界に収まりきらない「カオス」に分類せざるをえなかったといいます。この作品では、そんなきのこの神秘が、優しさ、温かさ、聡明さがにじみ出た文章で綴られています。

特に「きのこの友情」の項に書かれているきのこの秘密のありかをめぐるきのこ愛好家間の奇妙な友情は、とてもユーモラスに描かれています。死と悲しみからの再生という重たいテーマを扱った本ながら、最後まで気持ちよく読み進められるのは、彼女の筆力とユーモアのなせる技でしょう。

マレーシアというノルウェーと大きく文化の異なる国からやって来た移民で、社会人類学者である著者が、マルセル・モースの『贈与論』やアルノルト・ファン・ヘレップの『通過儀礼』など、文化人類学の思想も交えながら、マレーシアとノルウェーの死生観や社会・家族・個人のあり方や食生活、風習などの違いや共通点を分析、思考している点もこの本の大きな魅力です。著者は単純な印象論で終わらない深い文化比較により、読者の知的好奇心を絶えず刺激し続けます。ノルウェーの批評家クヌート・オーラヴ・オーモースが「ここ長らく私が読んだ中で最も驚きに満ちたオリジナリティ溢れる本である。人間の条件や自然現象について学ぶところ、考えさせられるところが大いにあった」と賞賛していますが、彼も著者の文章に魅せられ、驚嘆させられた一人なのでしょう。私たち訳者もそうでした。


アジアの日本に暮らす訳者にとって特に印象的だったのは、ノルウェーとマレーシアの死者の送り方の違いでした。

エイオルフの場合、なぜ倒れただけで亡くなったのかは不明という特殊な亡くなり方でした。著者は医師から、痛みを感じることなく一瞬で意識を失ったのだから、理想的な最期だったと言われ、強い違和感を覚えたようです。

マレーシアでは大病をすると家族が看病し、その中で家族は徐々に死を受け入れていくようですが、社会的看護が一般的なノルウェーでは、家族が病院に泊まり込むことは稀なようです。そのため、ノルウェー人は概して家族の死と日々、向き合うことなく、家族の死を突然に迎えることが多いようです。医師が著者にかけた言葉にはこのような社会のあり方の違いが表れていたように思えました。

この部分が特にノルウェー人にも新鮮に思えたのか、新聞「Vårt Land（私たちの国）」では、かつて家での看取りが一般的だったノルウェーでも、死が訪れる場所が家から病院へと移った今日、現代のノルウェー人にとって死とは何という問いが、著者が描くマレーシアの死生観と比較しながら特集されたそうです。

著者はこの本を通し、死とは人生の一部であること、悲しみというのは絶望だけでなく、新たな希望、新しい人生の始まりでもあることを綴っています。

この本には若くしてパートナーに先立たれた人たちが互いに心の内を明かし、悲しみを癒やすヒーリンググループに著者が参加する様子や、悲しみのトンネルの中でもがいていた著者がきのこ狩りで五感を働かせ、新しい匂いや感触を味わい、自身を再構築していったプロセスも細やかに描かれています。そのため、ノルウェーを代表する心理学者シッセル・グランもこの作品に「詩的で温かで、感動的」だと賛辞を送り、二人で書籍刊行記念の対談イベントを行うほどの入れ込みようだったようです。

最後に、本書、Long Litt Woon, *Stien tilbake til livet*, Vigmostad & Bjørke AS, 2017 の翻訳は、枇谷玲子と中村冬美の二人が担当しました。枇谷が序文とそれに続く前半六章と、ラスト二章「天からのキス」「きのこの作法」と索引、参考文献を、中村が冒頭の詩と後半の「トガリアミガサタケ――きのこ王国のダイヤモンド」から「名もなき者たち」までの四章と、「素晴らしきラテン語」を訳出し、その後、互いの訳文をチェックし合いました。

枇谷玲子

枇谷さんが本書『きのこのなぐさめ』について、たっぷり魅力を語ってくれたので、私は冒頭の詩と、詩人のコルベーン・ファルクエイドを紹介したいと思います。ファルクエイドは一九三三年に生まれ、一九六二年に詩集『ガラスの盃を透かして *Gjennom et glass-skår*』で文壇デビューをしました。本書に載っているのは「もうひとつの太陽 En annen sol」という詩の一節です。この詩の収められている詩集も同じ題名であり、一九八九年に出版されました。ファルクエイドは二十五歳で自死した愛する娘をしのんで、この詩集を作りました。現代ノルウェーの文学の中でも、国民に強く愛されている詩集のひとつです。

ひとり湖でボートに乗り、オールを下ろすと響く水音によって、静寂と孤独が息苦しいほど迫ってくる。そんな情景が思い浮かぶ、美しくまた悲しい詩。この詩を冒頭に載せることで著者は、生涯をともにすると信じて疑わなかった夫との死別がどれほどの痛み、苦しみだったのかを表現しようとしたのだと思います。

本書の始まりでは悲しみのさなかにいた主人公が、きのこに夢中の仲間たちと森を歩くうちにだんだんと癒しを得て、自分の人生を歩みだしていく姿に読者の皆様が共感し、ご自身が緑深いノルウェーの森を歩いているような気分に浸ってくださったなら、翻訳者のひとりとしてこれほどうれしいことはありません。

中村冬美

ロン・リット・ウーン
きのこのなぐさめ
枇谷玲子・中村冬美訳

2019 年 8 月 19 日　第 1 刷発行

発行所 株式会社 みすず書房
〒113-0033 東京都文京区本郷 2 丁目 20-7
電話 03-3814-0131(営業) 03-3815-9181(編集)
www.msz.co.jp

本文組版 キャップス
印刷・製本 図書印刷

ISBN 978-4-622-08809-7
[きのこのなぐさめ]

著者略歴

(Long Litt Woon, 1958-)

社会人類学者，作家．マレーシア生まれの中華系マレーシア人（漢字表記は龍麗雲）．ノルウェーの公認きのこ鑑定士．18歳の時，交換留学生としてノルウェーに留学．そこで出会ったエイオルフ・オルセンと結婚し，ノルウェーに住み続ける．地方自治体の部長職や，男女平等センターの理事などを経て，夫と共にワークショップの企画運営を行うコンサルタント会社を興す．https://www.instagram.com/littwoonlong/

訳者略歴

枇谷玲子〈ひだに・れいこ〉翻訳家．1980年富山県生まれ．デンマーク教育大学児童文学センターに留学．大阪外国語大学（現大阪大学）卒業．北欧家具輸入販売会社勤務，翻訳会社でオンサイトのチェッカーの経験を経て，現在は北欧書籍の紹介を行う．訳書に，クロー『ウッラの小さな抵抗』（文研出版），ヨンセン『キュッパのはくぶつかん』（福音館書店），セッテホルム『カンヴァスの向こう側』（評論社），リール『樹脂』（早川書房），M・ブレーン著／J・ヨルダル画『ウーマン・イン・バトル――自由・平等・シスターフッド！』（合同出版）など．

中村冬美〈なかむら・ふゆみ〉翻訳家．訳書に，アストリッド・リンドグレーン『おうしのアダムがおこりだすと』『こうしはそりにのって』（金の星社），バルブロ・リンドグレーン『ばらの名前を持つ子犬』（筑摩書房），トシュテンセン『あるノルウェーの大工の日記』（共訳，エクスナレッジ）など．

きのこ名索引

ア行

アイゾメヒカゲタケ（*Panaeolus cyanescens*） 244, 246
アオイヌシメジ（*Clitocybe odora*） 146, 289
アカチチモドキ（*Lactarius helvus*） 214
アカハツタケ（*Lactarius deliciosus*） 28
アカハツモドキ（*Lactarius deterrimus*） 26
アガリクス・アウグストゥス（*Agaricus augustus*） 28, 85-88, 91, 132, 144, 145, 177, 180, 288
アガリクス・クサントデルムス（*Agaricus xanthodermus*） 191, 257, 258
アガリクス・ベルナルディイ（*Agaricus bernardii*） 259
アガリクス・ランゲイ（*Agaricus langei*） 132
アシベニイグチ（*Boletus calopus*） 288
アミガサタケ（*morels*） 28, 152-157, 159-163, 166, 167
アミタケ（*Suillus bovinus*） 72
アンズタケ（*Cantharellus cibarius*） 18, 28, 29, 33, 57, 59, 63, 70-72, 77, 78, 81, 92, 94, 109, 129, 132, 134, 144, 180, 181, 191, 211, 215, 234, 265, 270, 271, 283, 284
イロガワリキイロハツ（*Russula claroflava*） 143
ウスチャヌメリガサ（*Hygrophorus agathosmus*） 116, 117
ウラベニイロガワリ（*Boletus luridus*） 128
ウラムラサキ（*Laccaria amethystina*） 143, 144, 282
エノキタケ（*Flammulina velutipes*） 179
オウギタケ（*Gomphidius roseusp*） 72
オオウスムラサキフウセンタケ（*Cortinarius traganus*） 185
オニタケ（*Echinoderma aspera*） 288
オニナラタケ（*Armillaria ostoyae*） 16
オニフスベ（*Langermannia gigantea*） 289

カ行

カノシタ（*Hydnum repandum*） 22, 23, 129
カラカサタケ（*Macrolepiota procera*） 290, 291, 293

カワリハツ（*Russula cyanoxantha*）　*142, 143*
キシメジ（*Tricholoma equestre*）　*115, 141, 142, 183, 280, 290*
キチャワンタケ（*Caloscypha fulgens*）　*157*
キツネノカラカサ（*Lepiota cristata*）　*214*
キツネノロウソク（*Mutinus caninus*）　*14, 96*
キャンディーキャップ（*Lactarius rubidus* / Candy cap）　*267-269*
キンチャヤマイグチ（*Leccinum versipelle*）　*19-22, 24, 134, 255*
クギタケ（*Chroogomphus rutilans*）　*281, 282*
クサウラベニタケ（*Entoloma rhodopolium*）　*215*
クサハツ（*Russula foetens*）　*185*
クリイロムクエタケ（*Macrocystidia cucumis*）　*214*
クロハツ（*Russula nigricans*）　*281*
クロラッパタケ（*Craterellus cornucopioides*）　*28, 31, 32, 79*
ケショウハツ（*Russula violeipes*）　*215*
コゲイロハツタケ（*Russula parazurea*）　*142*
コショウイグチ（*Chalciporus piperatus*）　*178*
コテングタケ（*Amanita porphyria*）　*192, 214, 217*
コトガリシラガフウセンタケ（*Cortinarius paleaceus*）　*214*
クラテレルス・ルテッセンス（*Craterellus lutescens*）　*79*
コルティナリウス・カムフォラツス（*Cortinarius camphoratus*）　*190, 196*
コルティナリウス・カリステウス（*Cortinarius callisteus*）　*191*
コルティナリウス・ベネツス（*Cortinarius venetus*）　*282*
コルティナリウス・レウバルバリナス（*Cortinarius rheubarbarinus*）　*185*

サ行

ササクレキヌハダトマヤタケ（*Inocybe hirtella*）　*185*
ササクレヒトヨタケ（*Coprinus comatus*）　*177, 255, 259, 261*
サマツダケ（*Tricholoma colossus*）　*290*
サルコソマ・グロボスム（*Sarcosoma globosum*）　*283-285, 287*
シイタケ（*Lentinus edodes*）　*179, 260, 262, 263*
シシタケ（*Sarcodon imbricatus*）　*117*
シバフタケ（*Marasmius oreades*）　*69, 96,*
市販のマッシュルーム（*Agaricus bisporus*）　*19, 26, 134, 145, 263*
シャグマアミガサタケ（*Gyromitra esculenta*）　*138, 167-172*
ショウゲンジ（*Cortinarius caperatus*）　*143*
シロオオハラタケ（*Agaricus arvensis*）　*132, 191, 215*

シロトヤマタケ（*Inocybe geophylla*） *214*
シロモリノカサ（*Agaricus sylvicola*） *132, 215*
シロヌメリカラカサタケ（*Limacella illinita*） *183*
ジンガサドクフウセンタケ（*Cortinarius rubellus*） *127*
スイッルス・ワリエガトゥス（*Suillus variegatus*） *291*
スッポンタケ（*Phallus impudicus*） *13, 14, 180*
スナジヒメツチグリ（*Geastrum minimum*） *289*
セイヨウオニフスベ（*Calvatia gigantea*） *289*
センボンイチメガサ（*Kuehneromyces mutabilis*） *28, 137*

タ行

タマゴテングタケ（*Amanita phalloides*） *28, 127, 131, 136*
チシオハツ（*Russula sanguinea*） *283*
チチタケ（*Lactarius volemus*） *28, 191*
チャオビフウセンタケ（*Cortinarius triumphans*） *143, 144*
ツヅレタケ（*Stropharia hornemannii*） *115*
ツバフウセンタケ（*Cortinarius armillatus*） *115, 116, 119, 143, 144*
テルミトミチェス・ティタニクス（*Termitomyces titanicus*） *16*
トガリアミガサタケ（*Morchella conica*） *70, 78, 151-156, 158-167, 303-305*
ドクツルタケ（*Amanita virosa*） *26, 28, 32, 127, 129, 136, 137, 139*
トリュフ（*Tuber*） *159, 160*
トリコロマ・ガムボスム（*Tricholoma gambosum*） *280*
トリコロマ・ナウセオスム（*Tricholoma nauseosum*） *186*
トリポクラディウム・インフラツム（*Tolypocladium inflatum*） *14*

ナ行

ナガエノスギタケ（*Hebeloma radicosum*） *185*
ナラタケ（*Armillaria mellea*） *115*
ナラタケモドキ（*Armillariella tabescens*） *58*
ニオイハリタケ（*Hydnellum svaveolens*） *214*
ニオイベニハツ（*Russula xerampelina*） *192, 215*
ニセヒメチチタケ（*Lactarius camphoratus*） *269*
ニンギョウタケモドキ（*Albatrellus ovinus*） *24, 25*

ハ行

ハイイロシメジ（*Clitocybe nebularis*） *186*

ハラタケ（*Agaricus campestris*）　*19, 132, 196, 213*
ハルダンゲル山脈真菌（*Tolypocladium inflatum*）　*14*
ヒイロチャワンタケ（*Aleuria aurantia*）　*281*
ヒカゲウラベニタケ（*Clitopilus prunulus*）　*175, 176*
ヒグロシベ・フォエテンス（*Hygrocybe foetens*）　*191*
ヒダホテイタケ（*Leucocortinarius bulbiger*）　*285*
ヒトヨタケ（*Coprinus atramentarius*）　*259*
ヒメアジロガサ（*Galerina marginata*）　*127, 137*
ヒメシバフタケ（*Panaeolina foenisecii*）　*233*
ヒメヌメリガサ（*Hygrophorus cossus*）　*190*
ヒメワカフサタケ（*Hebeloma sacchariolens*）　*215*
ヒロハアンズタケ（*Hygrophoropsis aurantiaca*）　*180*
フクロタケ（*Volvariella volvacea*）　*136*
ベニテングタケ（*Amanita muscaria*）　*26, 82, 83, 137, 138, 222, 294*
ヘベロマ・クリスツリニフォルメ（*Hebeloma cristuliniforme*）　*215*
ボレトゥス・バッロウシイ（*Boletus barrowsii*）　*158*

マ行

マジックマッシュルーム　*137, 236-245*
マツタケ／松茸（*Tricholoma matsutake*）　*186-190*
マメホコリ（*Lycogala epidendrum*）　*13*
マンネンタケ（*Ganoderma lucidum*）　*59, 60*
ミキイロウスタケ（*Craterellus tubaeformis*）　*70, 84, 94, 132, 144, 260, 274*
ミナミシビレタケ（*Psilocybe cubensis*）　*243-246*
ムティヌス・ラヴェネリ（*Mutinus ravenelii*）　*14*
ムラサキシメジ（*Lepista nuda*）　*183, 206, 207, 277, 278*

ヤ行

ヤマドリタケ（*Boletus edulis*）　*28, 66, 67, 72, 86, 129, 136, 158, 179, 277*
ヤマドリタケモドキ（*Boletus reticulatus*）　*178*
ヤマブキハツ（*Russula ochroleuca*）　*142*
ヤミイロタケ（*Lactarius gylciosmus*）　*214*
ユキワリ（*Calocybe gambosa*）　*68, 69, 80, 81, 85, 86, 192, 193-195, 255, 267, 279*

ラ行

ラクタリウス・サングイフルウス（*Lactarius sanguifluus*）　*282*

リバティキャップ（*Psilocybe semilanceata* / Liberty cap）　*222-235, 237, 240-244*
ルッスラ・オドラタ（*Russula odorata*）　*289*
霊芝　→マンネンタケ

参考文献

Borgarino, Didier. (2011). *Les Champignons de Provence.*

Edisud. de Caprona, Yann. (2013). *Norsk etymologisk ordbok.* Oslo: Kagge Forlag.

Cook, Langdon. (2013). *The Mushroom Hunters: on the trail of an underground America.* New York: Ballantine Books.

Gennep, Arnold van. (2010). *The Rites of Passage.* Translated by Monika B. Vizedom & Gabrielle L. Caffee. London: Routledge.（アルノルト・ファン・ヘネップ『通過儀礼』綾部恒雄・綾部裕子訳、弘文堂、1977年）

Gulden, Gro. (2013). « De ekte morklene », i Sopp og nyttevekster, årgang 9, nr. 2 / 2013 (s. 28–33).

Høiland, Klaus og Ryvarden, Leif. (2014). *Er det liv, er det sopp!* Oslo: Dreyer.

Lincoff, Gary. (2010). *The National Audubon Society Field Guide to North American Mushrooms.* New York: Knopf.

Mauss, Marcel. (1969). *The Gift: Forms and Functions of Exchange in Archaic Societies.* Translated by Ian Cunnison. London: Cohen & West.（マルセル・モース『贈与論』吉田禎吾・江川純一訳、筑摩書房、2009年）

Sopp, Olav J. (1883). *Spiselig Sop: Dens indsamling, opbevaring og tilberedning.* Kristiania: Cammermeyer.

Wasson, R. Gordon. (1980). *The Wondrous Mushroom: Mycolatry in Mesoamerica.* New York: McGraw-Hill.

Weber, Nancy. S. (1988). *A Morel Hunter's Companion: A Guide to the True and False Morels of Michigan.* Michigan: Two Peninsula Press.

Wright, John. (2007). Mushrooms: *The River Cottage Handbook.* London: Bloomsbury Publishing.

未出版の情報源

Spørrelistesvar fra Norsk etnologisk gransking (NEG), Norsk Folkemuseum: NEG

175 Sopp og bær Replies to questionnaire from the Norwegian Ethnological Research (NEG) at the Norwegian Folk Museum.

参考資料

1. NEG 175 Sopp og bær: NO.33108
2. NEG 175 Sopp og bær: NO.32775
3. NEG 175 Sopp og bær: NO.32938
4. NEG 175 Sopp og bær: NO.32854
5. NEG 175 Sopp og bær: NO.32854

写真クレジット

p. 17　ノルウェーのきのこ / Oliver Smith
p. 20-21　キンチャヤマイグチ / Per Marstad
p. 23　カノシタ / Per Marstad
p. 25　ニンギョウタケモドキ / Per Marstad
p. 27　アカモミタケ / Per Marstad
p. 31　クロラッパタケ / Oliver Smith
p. 67　ヤマドリタケ / Oliver Smith
p. 82-83　ベニテングタケ / Siri Bjorner
p. 90-91　アガリクス・アウグストゥス / Oliver Smith
p. 118-119　ツバフウセンタケ / Per Marstad
p. 130-131　タマゴテングタケ / Per Marstad
p. 135　ジンガサドクフウセンタケ / Per Marstad
p. 139　ドクツルタケ / Per Marstad
p. 164-165　トガリアミガサタケ / Per Marstad
p. 188-189　マツタケ / Per Marstad
p. 194-195　ユキワリ / Long Litt Woon
p. 206-207　ムラサキシメジ / Per Marstad
p. 230-231　プシロキュベ・セミランタケ（リバティキャップ）/ Per Marstad
p. 261　ササクレヒトヨタケ / Borgny Helnes
p. 274　ミキイロウスタケ / Borgny Helnes
p. 286-287　サルコソマ・グロボスム / Per Marstad
p. 292-293　カラカサタケ / Per Marstad